Wann startest Du
auf NSU?

Verlag Podszun-Motorbücher GmbH
Elisabethstraße 23-25, D-59929 Brilon
Internet: www.podszun-verlag.de
Email: info@podszun-verlag.de

Herstellung Druckhaus Cramer, Greven

ISBN 978-3-86133-503-0

Titelfotos: Verlagsarchiv (oben links), Thomas Reinwald (oben rechts), Jürgen Nöll (unten)
Rückseite: Jürgen Nöll

Jahrbuch 2009 Motorräder

Thomas Reinwald
Gritzner-Kayser: Ein erfolgloser Zweiradproduzent 5

Jürgen Nöll
ADAC MotoClassic 21

Wolfgang Stein
Die Entwicklung der Beiwagen für Motorräder 33

Thomas Reinwald
Die Nürnberger Hochleistungsprüfung: 2. April 1939 55

Jürgen Nöll
Gnom: Urahn aller Horex-Modelle 65

Klaus-Uwe Hölscher
ILO = gutes Werkzeug: Portrait des Zweiradmotoren-Herstellers 73

Thomas Reinwald
Japanische Zweirad-Impressionen 85

Jürgen Nöll
Legenden am Sachsenring 103

Thomas Reinwald
Wolfgang Kalauch: Zweifacher Seitenwagenweltmeister 115

Jürgen Nöll
Minibikes: Schwäbische Kleinkunst im Deutschen Zweiradmuseum 125

Jürgen Nöll
Belgische Motorräder 133

PODSZUN

Liebe Leserin, lieber Leser!

Dies ist die 12. Ausgabe des Jahrbuchs Motorräder. Wir freuen uns, Ihnen wieder interessante Themen rund um Ihr Hobby anbieten zu können. Dank gilt an dieser Stelle allen Autoren und Bildgebern, die in den letzten Wochen und Monaten mit Engagement und einer Menge Zeitaufwand gearbeitet haben, damit dieses Jahrbuch rechtzeitig zur Frankfurter Buchmesse erscheinen kann. Übrigens: Abbildungen, die nicht namentlich gekennzeichnet sind, wurden jeweils von den Verfassern der Artikel zur Verfügung gestellt.

Dank gilt auch Ihnen, liebe Leserin, lieber Leser, für die Zuschriften oder Telefonate, in denen Sie Kritik äußerten und Anregungen lieferten. Wir freuen uns auf den Kontakt mit Ihnen und sind gerne bereit, Ihre Wünsche zu berücksichtigen.

Wir wünschen Ihnen viel Vergnügen mit dem Jahrbuch und nicht vergessen: das nächste Jahrbuch Motorräder, die Ausgabe 2010, ist ab Oktober 2009 erhältlich.

Ihr Redaktionsteam „Jahrbuch Motorräder“

P.S.

Sie können das Jahrbuch in Buchhandlungen oder direkt beim Verlag abonnieren.
Von den Ausgaben 1998, 2000, 2002, 2003, 2004, 2005, 2006, 2007 und 2008 sind noch einige Restexemplare lieferbar. Fordern Sie kostenlos und völlig unverbindlich unser Gesamtverzeichnis an mit Büchern über Schwertransporte, Baumaschinen, Lastwagen, Autos, Motorräder, Traktoren, Lokomotiven und Feuerwehrfahrzeuge:

Verlag Podszun-Motorbücher GmbH
Elisabethstraße 23-25, D-59929 Brilon, Telefon 02961 / 53213, Fax 02961 / 2508
Email: info@podszun-verlag.de, Internet: www.podszun-verlag.de

Gritzner-Kayser

Ein erfolgloser Zweiradproduzent

von Thomas Reinwald

Zu den zahlreichen Zweiradfirmen, die größtenteils aus dem Gedächtnis verschwunden sind, gehört auch das in Karlsruhe-Durlach beheimatete Unternehmen Gritzner-Kayser. Der Doppelname basierte darauf, dass die Karlsruher Firma Gritzner und die in Kaiserslautern beheimatete Kayser AG im Jahr 1931 fusionierten. Beiden war gemeinsam, dass sie aus dem Nähmaschinen- und Fahrradgewerbe stammten. Das primäre Standbein blieb auch nach dem Zusammenschluss die Nähmaschinenfertigung, die Fahrradherstellung lief nebenher. Den Impuls für motorgetriebene Zweiräder brachte die 1872 gegründete Maschinenfabrik Gritzner AG ein. Gritzner war kurz vor der Wende zum zwanzigsten Jahrhundert die größte Nähmaschinenfabrik Europas und stellte bereits wenige Jahre später, während des ersten Booms, motorgetriebene Zweiräder mit 2,25 PS starken Fafnir-Viertaktmotoren her. Doch wie bei so vielen damaligen Anbietern brachte dieser Produktionszweig auch für Gritzner mehr Ärger als gute Geschäfte und so wurde die Fertigung wieder eingestellt.

Erst in der zweiten Hälfte der dreißiger Jahre dachte man in der Firmenleitung wieder daran, in das motorisierte Zweiradgeschäft einzusteigen. Ob es gesteuert oder Zufall war, dass sich Gritzner-Kayser kurz vor Inkrafttreten des Schell-Plans im Jahr 1938 zur Wiederaufnahme entschloss, ist ungewiss. Fakt jedoch war, dass das Unternehmen die Berechtigung

Gritzner 100, wie sie nach dem Krieg mit dem 98er Fichtel & Sachs Motor als Antrieb und mit Kickstarter angeboten wurde

in der neuen Kraftfahrzeugstruktur bekam, einen Typ der kleinen Klasse zu fertigen. Gritzner war damit einer von 27 Anbietern, die ein 98er Modell in Herren- und Damenausführung lieferten. Doch während die Konkurrenten ihre Produkte größtenteils durch Werbung populär machten, verzichtete Gritzner darauf, und prompt blieb der Typ so gut wie unbekannt. Außerdem fand er auch kaum Würdigung in der Literatur. Doch dies schien die Firmenleitung nicht zu stören und selbst der geringe Verkaufserfolg zu Kriegsbeginn verhinderte nicht, dass Gritzner nach Kriegsende wieder ins motorisierte Zweiradgeschäft einstieg.

Der Verkauf der Neuauflage des Vorkriegsmodells lief von Anfang an nicht sonderlich erfolgreich. So verzeichnete die Statistik im Januar 1949 die Zulassung von 19 Exemplaren und im Februar waren es sogar nur acht Motorfahrräder mit dem zugekauften 98er Zweitakter von Fichtel & Sachs. Das reichte gerade für Platz 20 in der Produktionsstatistik. Der Verkauf lief auch weiterhin sehr schleppend, bis 1952 dürften nicht mehr als 500 Stück verkauft worden sein. Das muss für die Firmenleitung enttäuschend gewesen sein, denn gerade zu Beginn der fünfziger Jahre war die Nachfrage in Deutschland so groß, dass nahezu jede Firma – egal wie schlecht die Motorfahrzeuge waren – ihre Modelle einigermaßen verkaufen konnte. Gritzner-Kayser, die auch gerne nur unter der Bezeichnung Gritzner auftraten, wollte den Zweiradmarkt trotz allem nicht kampflos aufgeben und entschloss sich zu einem gewagten Vorstoß. Für das Jahr 1952 stieg man mit dem Modell Gritzner 150 in den Motorradmarkt ein. Ein 150 cm^3 großer Fichtel & Sachs Motor trieb das Motorrad an.

Doch der Markt wartete nicht auf die kaum innovative Neuschöpfung aus Karlsruhe, das Modell blieb zwar noch 1953 und zeitweise 1954 im Programm, doch ebenfalls ohne nennenswerte Verkaufszahlen. 1953 wurde der 150er noch ein Modell mit Hinterradschwinge (150 S) statt der bisherigen Geradewegfederung an die Seite gestellt. Außerdem wurde das Programm um zwei adäquate Modelle mit 175 cm^3 Fichtel & Sachs Zweitakter ergänzt, die als 175 L und 175 S bezeichnet wurden. Weiter im Programm war auch noch das 98er Modell, die Gritzner 100. Von den Konfektionärsmotorrädern mit dem kleinen Flügel auf dem vorderen Schutzblech nahm die Presse kaum Notiz und auch die Kundschaft hielt sich beim Kauf weiterhin zurück. Nach wie vor betrieb Gritzner kaum Werbung für die Modelle. In die Schlagzeilen geriet die AG dann 1953 aber doch noch: Zur IFMA wurde die mit einer Blechverkleidung ausgestattete Studie Gritzner 150/175 präsentiert – doch die Resonanz verlief anders, als man es sich in Karlsruhe vorgestellt hatte. Die damals führende deutsche Motorradzeitschrift druckte ein ausgesprochen vernichtendes Urteil, in dem es hieß: „... zu 99 Prozent Blech an der falschen Stelle sagt alles über die ... Gritzner 150 und 175 ...“.

Offensichtlich hatten sich die Ingenieure nicht genug Mühe bei ihrer Neuschöpfung gegeben. Mit nur geringem Aufwand hatte man ein Serienmodell mit großflächigen Blechteilen so ummantelt, dass der Motor gar nicht mehr und von den Rädern nur noch ein Teil zu sehen war. Für eine Anpassung des Tanks reichte dann wohl die eigene Courage nicht mehr, denn er wurde unverändert der Serie entnommen. Die nicht angepasste Sitzbank vervollständigte die missgelungene optische Erscheinung. Die allgemein vernichtende Kritik bewog die Firmenleitung dazu, das Projekt nicht in Serie zu bauen und sich ganz von der Motorradfertigung zurückzuziehen. Nur noch die Lagerbestände wurden verkauft und 1954 – also fast zum Höhepunkt der deutschlandweiten Verkaufszahlen – stellte man die Motorradherstellung ganz ein, nachdem in diesem Jahr lediglich 47 Motorräder verkauft worden waren.

Gritzner 100, deren Motor mittels Pedale angelassen wurde

Gritzner 150 L, wobei das L für die Hinterradschwinge stand

Optimistischer konnte Gritzner dagegen mit den Mopeds in die Zukunft blicken, deren Fertigung man 1953, parallel zu den Motorrädern, schon aufgenommen hatte. Von der schwedischen Firma Nymann wurde dazu die Lizenz zur Fertigung eines kleinen Zweitaktmotors erworben. In Karlsruhe-Durlach wurde damit der erste Motor montiert. Ob alle Teile aus Schweden importiert worden waren oder Teile davon selbst gefertigt wurden, ist ungewiss. Diese Gritzner-Mopeds wurden unter der Bezeichnung Brummi angeboten. Das Raffinierte an dem Zweitakter war, dass der gleiche Motor in zwei Hubraumvarianten lieferbar war. Als 30 cm^3 Motor lief er unter der Bezeichnung E 31 und leistete 0,9 PS. Die 40 cm^3 große Variante hieß E 39. Bei einem Bohrung-Hub Verhältnis von 38 x 32 mm leistete dieser luftgekühlte Zweitakter 1,2 PS. Beide Motoren waren getriebelos. Die Mopeds Brummi 30 und Brummi 40 wurden jeweils für 465 DM angeboten. Wegen der bescheidenen Leistung fanden sie auch nicht genügend Absatz, denn man bot gleichzeitig auch die Brummi 50 an, die vom zugekauften Fichtel & Sachs S 50 angetrieben wurde. Dieses fahrradähnliche Moped kostet 588 DM und fand die Gunst der Käufer. Nun hatte man sein Metier gefunden und die Gritzner-Kayser AG baute ihr Mopedsortiment mit den Modellen Brummi 60 V beziehungsweise 60 VS aus. Der Unterschied der beiden Typen lag in der Hinterradfederung, die bei der VS als Geradewegfederung konstruiert war, während die V über einen Starrrahmen verfügte. Auch hier kam der Fichtel & Sachs 50 S zum Einbau.

Die Brummi 60 war im Prinzip eine nur mäßig weiterentwickelte Brummi 50, die hauptsächlichen Änderungen betrafen das optische Erscheinungsbild, das von größeren Blechteilen beherrscht war. Bis zur IFMA 1956 waren dies die beiden einzigen Typen im Mopedprogramm. Als Neuheit stand auf der damals führenden Motorradmesse dann die Brummi 70. Das kantige Aussehen sorgte für ein eigenständiges Auftreten unter der Masse des Mopedangebots. Größte Neuerung war, dass die Ingenieure den bisherigen Rohrrahmen durch einen Blechpressrahmen mit integriertem Tank ersetzten und statt des Fahrradsattels nun eine Einmannsitzbank montierten. Die Blechverschalung war so ausgeklügelt, dass man beispielsweise durch ein Schauloch die Kettenspannung überprüfen konnte. Ein abziehbarer Benzinhahnknebel wurde als Diebstahlschutz angepriesen. Dass das Fahrwerk mit Teleskopgabel und Hinterradschwinge ausgerüstet war, war mittlerweile Standard in der

. . . jetzt auch mit 175 ccm Sachs

Die bildschöne GRITZNER-Luxus-Maschine, die schon mit dem 150er Sachs-Motor Aufsehen erregte, wird jetzt auch mit dem 175 ccm Sachs-Motor geliefert. Sie ist dadurch noch rassiger, noch sportlicher und noch schneller. Zur Qualität des Sachs-Motors braucht nichts gesagt zu werden, denn er ist auf der ganzen Welt ein Begriff. Kombiniert mit der GRITZNER-Luxus-Maschine bildet er ein Motorrad, das seinesgleichen sucht.

Verkaufspreis: komplett mit Gepäckträger DM 1 575.— (ohne Sozius).

Lieferbar: in beige-resedagrün unter Modell Nr. 12/175
in schwarz-rot unter Modell Nr. 11/175

GRITZNER

GRITZNER-KAYSER AG · Karlsruhe-Durlach

Die Gritzner 175 Luxus

TECHNISCH BETRACHTET:

Motor und Getriebe: Luftgekühlter F & S Einzylinder Zweitakt-Motor mit Flachkolben und Gegenstromspülung, Bohrung 62 mm, Hub 58 mm, Hubraum 174 ccm, Leistung 9,5 PS, Bing-Vergaser mit Starthilfe und Naßluftfilter, Frischölschmierung 1 : 25, 45 Watt Wechselstrom-Lichtanlage, angeblocktes Vierganggetriebe mit Fußschaltung und Leerlaufschaltung aus jedem Gang, 3 Scheiben-Korklamellenkupplung.
Untersetzung vom Motor zum Getriebe: 1 : 2,12;
Untersetzung im Getriebe: 1. Gang: 1 : 3,22; 2. Gang: 1 : 1,85;
3. Gang: 1 : 1,24; 4. Gang: 1 : 0,95.

Fahrwerk: Verwindungsfreier Rahmen aus nahtlos gezogenem Stahlrohr, Teleskop-Vordergabel, Jurisch-Hinterradfederung.

Ausstattung: Steckachse vorn und hinten, Hinterradkette staubdicht verkapselt, Schwingsattel mit gekapselter einstellbarer Zentralfeder und gefederter Sattelnase, große, weiche Trommelvollbremsen vorn und hinten, verrippt zur Wärmeableitung, verstellbarer Steuerungsdämpfer am Lenker, Tank 12 Liter Inhalt, mit eingebautem Werkzeugkasten und reichhaltigem Werkzeug, 160 mm-Scheinwerfer, Bereifung 3.00—19 (vorn Gleitschutz-Rillenprofil, hinten Stollenprofil), Mittelkippständer, weiche, große Kniekissen, breite Kastenschutzbleche mit aufgesetzten Chrom-Zierleisten, verchromte Felgen, verchromter Auspufftopf, verstellbare Fußrasten, Lenkschloß, elektrisches Horn, verchromter Gepäckträger, Sozius-Sitz gegen Aufpreis. (Auf Wunsch direkt auf Schutzblech montiert).

Leistungsdaten: Höchstgeschwindigkeit: ca. 95 km/h. Normverbrauch: 2,3 Liter/100 km. Gewicht: 100 kg leer.

Mopedklasse. Die Brummi 70 war das bis dahin beste Moped aus dem Hause Gritzner-Kayser. Damit die Farbkombination genau nach den Kundenwünschen ausfiel, wurde während der IFMA eine Befragung veranstaltet. Circa 4000 Besucher gaben ihren Farbwunsch ab und als Folge davon konnte die Brummi 70 in den Farbenkombinationen pastellgrün/resedacreme und schwarz/perlgrau geordert werden. Mit 698 DM war sie das bislang teuerste Moped bei Gritzner-Kayser, die weiterhin angebotene Brummi 60 VS lag bei 637 DM.

Als 1957 der Motorradmarkt in Deutschland einbrach, war man in der Karlsruher Geschäftsführung wohl sehr froh, dass man sich bereits frühzeitig vom Motorrad abgewandt und auf das Moped gesetzt hatte. Sicherlich nahm man zur Kenntnis, dass die Nürnberger Zweiradfirma Mars am 12. Dezember 1955 ihr erstes Moped unter dem Namen Monza produzierte. Doch größere Gedanken mag man sich in diesem Zusammenhang wohl nicht gemacht haben. Noch nicht. Anders sah nun die Sache zwei Jahre später aus. Der Hersteller Mars war in starke finanzielle Schwierigkeiten geraten, weil die Hausbank keine

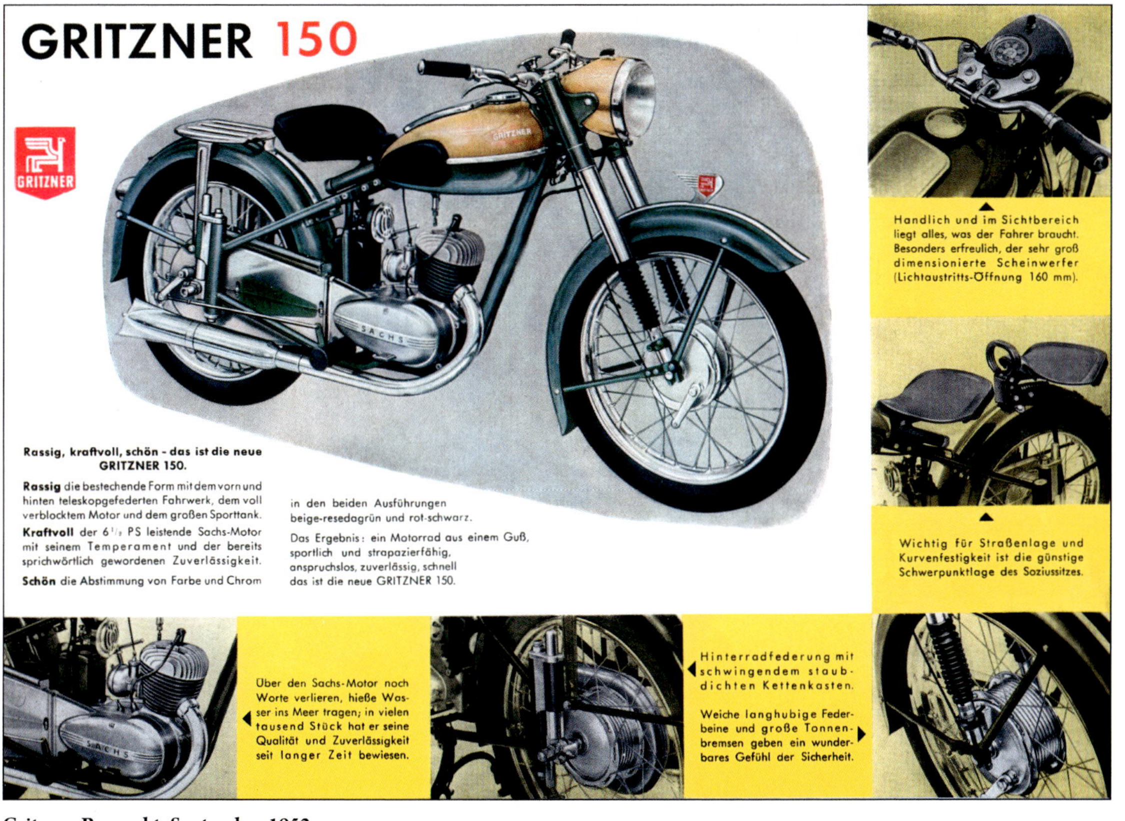

Gritzner Prospekt, September 1952

Kreditverlängerung gewährte. Am 13. April 1958 musste dann dieses Nürnberger Traditionsunternehmen Konkursantrag stellen. Nun schlug die Stunde von Gritzner-Kayser. Im Rahmen des Konkursverfahrens gegen Mars bot sich die Möglichkeit, sehr günstig an die Fertigungseinrichtungen der gut verkäuflichen Mopeds Monza und Milano zu kommen. Man wurde mit dem Konkursverwalter einig und die Werkzeugeinrichtungen konnten schon bald darauf von Nürnberg nach Karlsruhe-Durlach transportiert werden. Natürlich hatte sich Gritzner-Kyser vorab über die Absatzchancen informiert. Prognosen gaben an, dass auch für das Jahr 1958 gute Absatzchancen für 50er bestanden. Allerdings nicht mehr in der Ausführung als 40 km/h schnelles Moped, sondern als unbeschränktes Kleinkraftrad. Und in dieser Klasse gehörte die Monza zu den deutschen Pionieren und fand die Gunst der mehrheitlich jugendlichen Käufer. Gritzner übernahm nun die beiden Mopeds und betrieb zum ersten Mal Werbung im großen Stil! In Anzeigen wurden die beiden Zweiräder ausgiebig präsentiert.

Am Jahresanfang 1959 bot Gritzner nur die beiden 1,25 PS starken Mopedversionenen an, die Kleinkraftradvarianten kam aber auch kurz danach unter dem Gritzner-Logo auf den Markt. Gritzner-Kayser stand durchaus zu seinem Neuerwerb, denn man verwies in den Anzeigen darauf, dass die Fahrzeuge aus früherer Mars-Produktion stammten – wohl auch wegen des guten Rufs der Monza beziehungsweise Milano. Neben der Ausstattung behielt Gritzner sogar die Farbgebung bei. Für die Milano war dies aeroblau mit Metalleffekt und für die Monza schwarz-rot. Lediglich das neue Logo am Tank und Lenkkopf verrieten den neuen Produzenten.

Mit dem Erwerb der Produktion wollte Gritzner-Kayser das bisherige Mauerblümchendasein endgültig ablegen und stieg mit einem bislang nicht gekanntem Sportengagement in die pulsierende Mopedsportszene ein. Sowohl für den Geländesport als auch für den aufblühenden Moto-Cup stellte das Unternehmen Geld und Maschinen zur Verfügung. Natürlich kam für diese Zwecke nur die Monza Super Sport mit dem 3 PS starken Motor in Frage. Das sportliche Debüt gab eine serienmäßige Gritzner bei der 3. Sportlichen Prüfungsfahrt für Serienmotorräder auf der Solitude am 30. Mai 1959. Unter dem Fahrer Hans-Peter Katz gewann eine Gritzner den Lauf der Klasse bis 75 cm³ vor der Konkurrenz, die aus weiteren zehn Fahrern bestand. Das war, zugegeben, nicht der große sportliche Erfolg, doch immerhin fuhr man vorne mit. Der Auftritt im Moto-Cup brachte hingegen relativ schnell Ernüchterung. Denn dem Aufgebot der starken Kreidler-Florett unter den Werks-

Nochmals das Motorfahrrad, jedoch mit Telegabel ohne Faltenbeläge an den Tauchrohren

Der verkleidete Prototyp der Gritzner 150 und 175, der auf der IFMA 1953 erfolglos präsentiert wurde

fahrern Dieter Kramer, Rudolf Kunz und Oswald Dietrich hatte Gritzner nichts entgegen zu stellen. Für das Karlsruher Werk traten die Fahrer Deris, Geisinger, Braun und Metzger an, wovon am Ende der Rennserie Franz Geisinger der Beste war. Wie zu erwarten, wurde Rudolf Kunz am Ende Moto-Cup-Gewinner, doch während von den Kreidler-Florett die ganze Branche beeindruckt war, wurden die Gritzner nur mit wenigen Worten in der Presse gewürdigt. Noch enttäuschender verlief die Beteiligung am Geländesport. Bei der 3-Tage Fahrt nahm man hoffnungsvoll mit den vier Werksfahrern teil, doch bereits am Ende des ersten Tages fielen alle Monzas mit technischem Defekt aus. Auffallend sowohl in der Straßen-, als auch in der Geländeausführung war, dass man die gummigefederte Vorderradführung, die noch aus Mars-Zeiten stammte, durch eine geschobene Schwinge ersetzt hatte.

Mit diesem mageren Sportergebnis mussten den Winter über viele Hausaufgaben gemacht werden, wollte man mit den Konkurrenten mithalten. Zudem tummelten sich mittlerweile in der Moto-Cup Szene auch noch die viertaktenden Motoms und einige

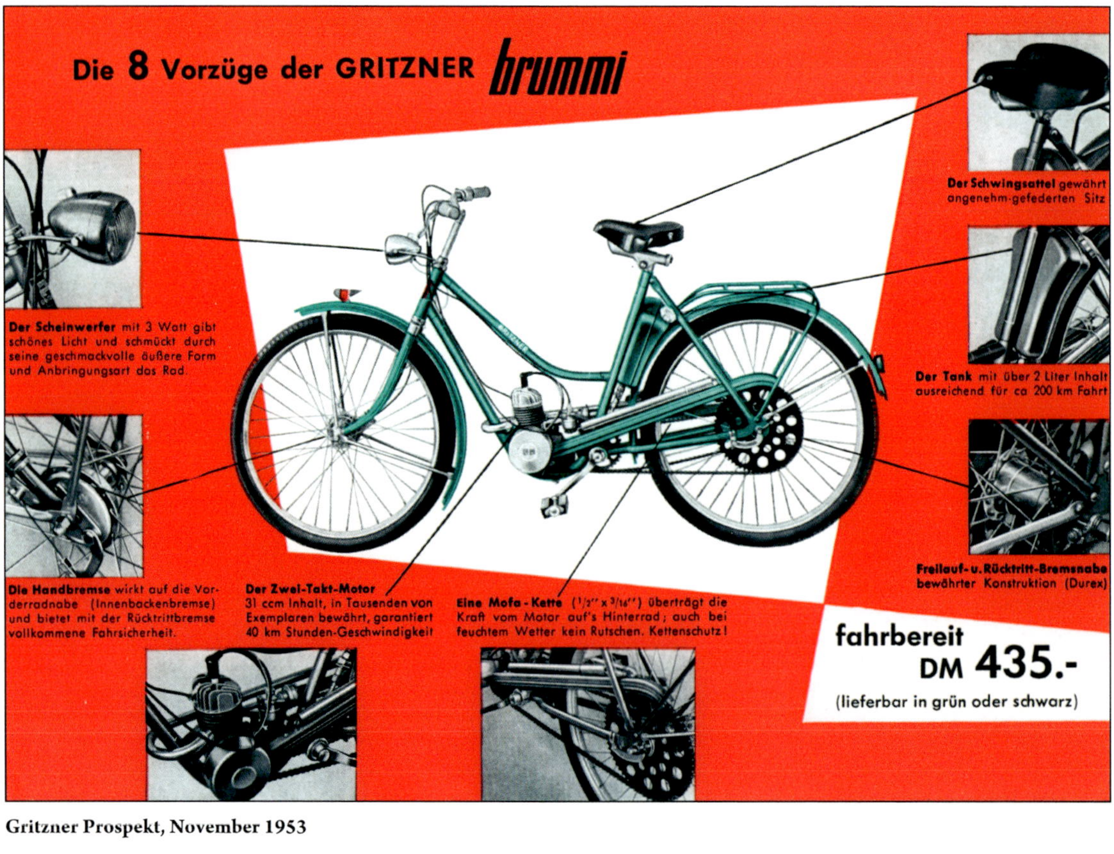

Gritzner Prospekt, November 1953

Die Brummi 50 hatte noch sehr die Züge eines Fahrrads an sich

recht interessante Eigenbauten. Dass vor allem Werner Braun seine Gritzner über den Winter hinweg perfekt vorbereitete hatte, zeigte der Saisonauftakt am 24. April 1960 in Hockenheim. Im Vorlauf sorgte er für eine große Überraschung, denn er lieferte sich mit Dieter Kramer einen Zweikampf, den er schließlich für sich entschied, und in dem er im Ziel sogar 20 Sekunden Vorsprung hatte. Erfreulich war auch, dass an dritter Stelle die zweite Gritzner unter Geisinger ins Ziel kam. Im Endlauf hingegen trat wieder ein, was alle Beteiligten erwartet hatten: Eine Werks-Kreidler gewann. Hans Georg Anscheidt hieß der Gewinner, dahinter Oswald Dietrich, ebenfalls auf einer Kornwestheimer Maschine und schließlich Braun an vierter Stelle.

Als ein paar Wochen später der zweite Lauf in Hockenheim anstand, musste am Ende die Gritzner-Mannschaft erneut feststellen, dass man nichts gegen die starken Kreidler ausrichten konnte. Der Sieger hieß diesmal Oswald Dietrich. Der dritte Lauf, am 24. April, wieder in Hockenheim, brachte einen vierten Platz für Werner Braun, doch wieder zeigte sich, dass der Abstand nach vorne sehr groß war. Braun lag zu diesem Zeitpunkt mit 16 Punkten an dritter Stelle der Wertung, während der führende Anscheidt schon 32 Zähler hatte. Damit war selbst durch einen Sieg im letzten Lauf der Gewinn des Cups für Gritzner unerreichbar.

Dass Kreidler für Gritzner mittlerweile zum Alptraum geworden war, zeigte sich auch bei der internen 3-Tage Fahrt 1960. Von zwei gestarteten Gritzner fiel eine aus, die zweite unter Hans Wehmayer kam zwar ans Ziel, doch die Sieger in der Klasse bis 50 cm^3 hießen Kreidler und Dieter Kramer. Das Jahr brachte zum Ende der Saison beim Eifelpokal mit einem zweiten Platz von Geisinger den größten Erfolg. Allerdings wieder hinter einer Kreidler, diesmal der mit Wolfgang Gedlich.

Im Jahr 1961 wurde der leistungsmäßige Abstand zu Kreidler und den immer stärker werdenden jugoslawischen Tomos noch größer. Weder im Moto-Cup noch in der erstmals ausgeschriebenen europäischen 50er Meisterschaft konnten Gritzner-Fahrer ein Wörtchen mitreden. Im Geländesport nahm Gritzner wieder an der 2-Tagesfahrt teil. Günter Paritschke belegte Platz zwei und Hans-Christian Wehmeier Platz vier. Doch der Freude stand auch die Erkenntnis gegenüber, dass nur vier Fahrer ins Ziel kamen – also letzter Platz! Zum Abschluss der Saison brachte Werksfahrer Wehmeier noch eine Goldmedaille von der 6-Tage Fahrt mit: Ein kleiner Trost für ein ansonsten relativ erfolgloses Sportjahr.

Mit der Startnummer 4 stand bei der 6-Tage Fahrt 1961 die Werks-Gritzner zwischen den beiden ärgsten Rivalen Kreidler (3) und Zündapp (5) im parc-fermé

Mit der Übernahme der beiden ehemaligen Mars-Typen stellte Gritzner-Kayser die Produktion der Brummi 70 ein und setzte die Zukunft ausschließlich auf die Typen Milano und Monza. Von der anfangs angeboten Monza Supersport mit halbhochgelegter Auspuffanlage und gummigedämpfter Vorderradführung kam man bald ab und ersetzte sie durch die beiden Versionen Monza Supersport SK und Monza Supersport deLuxe. Beide Typen hatten nun eine Vorderradfederung über eine geschobene Schwinge. Der luftgekühlte 50 cm³ wurde von Ilo zugekauft. Die hauptsächlichen Unterschiede beider Typen lagen im Detail, denn die deLuxe hatte Weißwandreifen und einen verchromten Tank. Die ab Frühjahr 1961 angebote Monza-SK hatte nun einen Blechpressrahmen an den Seitendeckel angeschraubt, ein stromlinienförmig gestyltes Hinterradschutzblech sowie eine Telesкopgabel. Angetrieben wurde das Kleinkraftrad vom 4,3 PS starken Ilo 3-Gang-Motor. Für 1 048 DM stand es im Katalog. Für 1 098 DM wurde weiterhin das alte Fahrwerk mit der geschobenen Schwinge als Modell deLuxe angeboten. Ab Frühjahr 1962 wurde ein gebläsegekühlter F & S Motor mit 4,3 PS statt der bisherigen luftgekühlten Variante eingebaut.

Für 1962 wurde das Monza-Konzept nochmals kräftig überarbeitet und heraus kam wohl das schönste aller Gritzner-Zweiräder. Auffälligstes Merkmal war ein vom Lenkkopf zur Schwingenlagerung gerader Blechpressrahmen, der auch die angedeuteten Seitendeckel integriert hatte. Eine schön geformte geschobene Vorderradschwinge und eine luxuriös wirkende zweifarbige Lackierung ergaben zusammen mit den Weißwandreifen eine überaus attraktive Monza deLuxe.

Gestellte Werbeaufnahme für die Brummi 70 mit dem Fichtel & Sachs-Motor, die ab 1956 angeboten wurde

Die Monza, wie sie 1958 von Mars produziert wurde. Markant war die über Gummipuffer gefederte vordere Kurzschwinge

Eine geschobene Langschwinge für das Vorderrad war die erste wesentliche Änderung für die Monza aus Karlsruher Montage. Im Bild die 4,3 PS starke Kleinkraftradversion SK mit Ilo-Motor, wie sie ab Frühjahr 1961 bei den Händlern stand

Die Veränderungen an der Milano fielen, gegenüber der von Mars übernommenen Version, nicht so gravierend aus. Mit der Einführung der teleskopgabelgefederten Monza SK wurde der Blechrahmen samt Hinterradschutzblech und Teleskopgabel auch für die Milano SK hergenommen, bezogen wurden die baugleichen Fahrgestelle von der italienischen Firma Peripoli. Größter optischer Unterschied war der freie Durchstieg und der gebläsegekühlte Fichtel & Sachs Motor. 968 DM verlangte Gritzner-Kayser für die Milano SK und ging damit in das Jahr 1962.

Neben der Kleinkraftradfertigung hatte Gritzner-Kayser auch ein Auge auf den erstmals 1960 auf der IFMA ausgestellten Roller von KTM geworfen. Der 50 cm^3 Roller wurde in Österreich unter dem Namen Pony gefertigt. Man wurde mit den österreichischen Verhandlungsparntern schnell einig und übernahm den deutschlandweiten Vertrieb für den Pony, der in Lizenz in Karlsruhe gebaut wurde. Die Rechnung ging für Gritzner-Kayser auf, denn innerhalb von knapp zwei Jahren wurden 14 000 Roller in der Bundesrepublik verkauft.

So sah der Typ Milano aus, wie er bei Mars produziert und anfangs unverändert von Gritzner weitergefertigt wurde. Auch hier kam die Gummipuffer-Federung zum Einbau

Die Milano wurde bei Gritzner durch einen gebläsegekühlten Zweitakter, eine Teleskopgabel, eine Doppelsitzbank und ein zeitgemäßes Design modifiziert. Das Werbefoto zeigt die Kleinkraftradversion mit Kickstarter

In Karlsruhe liebäugelte man mit einer Lizenzproduktion eines Mopeds Junior von KTM, doch es wurde nichts daraus

Daneben gab es auch – allerdings erfolglose – Verhandlungen, das Moped Junior von KTM in Lizenz zu bauen. Das gutgehende Rollergeschäft wurde allerdings jäh gefährdet, denn im August 1962 kündigten gleichzeitig Hercules und Rabeneick an, den KTM-Roller in Deutschland ab sofort anzubieten. Die Gritzner-Kayser Geschäftsführung hatte sich bei KTM gegen die weiteren Lizenzvergaben beschwert, doch vergebens. Gritzner-Kayser ging bei der neuen Lizenzvergabe leer aus und Hercules erhielt den Zuschlag.

Dieses Verhalten seitens der Österreicher trug sicher einen Teil dazu bei, dass Gritzner-Kayser die Lust am motorisierten Zweirad verlor und die Produktion 1962 endgültig einstellte. Restbestände wurden noch bis 1963 ausgeliefert. Der Gritzner-Kayser AG Mehrheitsaktionär, Nähmaschinenhersteller Pfaff, fand in Griechenland schließlich noch einen Käufer für die Fertigungseinrichtungen der Monza-Produktionsanlage. Damit endete die Moped- und Motorradgeschichte von Gritzner-Kayser.

Monza SK deLuxe (Kleinkraftrad) in luxuriöser Zweifarbenlackierung und mit Weißwandreifen

Diese Ausführung hatte den tiefliegenden Auspuff und auch den gebläsegekühlten Antrieb von Fichtel & Sachs

Monza SuperSport mit luftgekühltem Motor, hochgezogenem Auspuff und Zweifarbenlackierung, jedoch ohne Weißwandreifen

Diese Monza SK deLuxe hatte einen eckigen Blechpressrahmen und spiegelte die letzte Entwicklungsstufe wider

ADAC MotoClassic

Rollendes Museum auf 500 Kilometer – Tour durch die Eifel und Luxemburg

von Jürgen Nöll

Nachdem sich der ADAC im Jahr 2003 anlässlich seines 100. Geburtstages seiner Wurzeln besann und darauf, dass seine Gründungsmitglieder einst Motorradfahrer waren, lud er erstmals 120 Besitzer mit ihren klassischen Motorrädern zu einem Treffen ins oberitalienische Trentino ein.

Inzwischen hat sich die ADAC MotoClassic zu einer Traditionsveranstaltung gemausert, denn im August 2007 wurde sie bereits zum dritten Mal durchgeführt. Als Austragungsort hatte der Veranstalter wie bereits zwei Jahre zuvor die Eifel und obendrein die Luxemburgischen Ardennen ausgewählt.

Der Prolog, sozusagen zum Einstimmen auf das, was da noch kommen sollte, fand bereits am Mittwoch, dem offiziellen Anreisetag statt. Nach der obligatorischen Papier- und Fahrzeugabnahme erfolgte unweit des Dorinth-Hotels am Stausee Bitburg der Start zur ersten Etappe durch das Bitburger Land. Burg Rittersdorf, die Römische Villa in Ortrang und das Hofmuseum Freher waren die Anlaufstationen an diesem regnerischen Nachmittag.

Donnerstags folgte dann die erste ganztägige Etappe, bei der sich rund 100 Maschinen von 1920 bis in die achtziger Jahre am Start versammelt hatten. Von Adler bis Zündapp – ein wahrhaft rollendes Museum. Auf traumhaften Motorradstraßen führte die erste Oldtimer-Wander-Tour durch die hügelige Landschaft der Eifel, über bewaldete Hochebenen, bis hinunter an die Mosel. Beeindruckende Klöster, Festungsruinen und wunderschön restaurierte Schlösser bildeten ein geradezu ideales Ambiente für die historischen Fahrzeuge. Allerdings wollte das Wetter anfangs nicht so recht mitspielen. So lernten die Teilnehmer dann die Eifel zunächst einmal von einer ausgesprochen unwirtlichen Seite kennen.

M. Zippel, L. Klenner und H. Hohn gingen mit ihren technisch und optisch hervorragend vorbereiteten Wanderer 616 aus den frühen zwanziger Jahren als erste auf die Strecke. Zwei weitere Wanderer, die kostbare achtventilige 708 H von R. Grönemann aus dem Jahr 1927 sowie die zierliche, blitzsaubere 98er von 1934, die von H. Leysing gefahren wurde, ergänzten die „Werksmannschaft“. Wenngleich auch die kleine, von einem 2 PS Sachs-Motor angetriebene Zweitaktmaschine nicht annähernd die Geschwindigkeit der großen V2-Viertakter mitgehen konnte, so traf sie doch immer wieder mit der Präzision eines Schweizer Uhrwerks pünktlich an den Zeitkontrollen ein. Die großen, dem Feld vorauseilenden Schwestern legten unterdessen ein atemberaubendes Tempo vor, das auch von Maschinen neueren Datums nur schwer zu übertreffen war. Die Gründe dafür waren zum einen die verregnete, ungeheuer kurvenreichen Strecke, aber auch der perfekte Umgang der Besitzer mit ihren „fliegenden Kisten“. Irgend jemand scherzte dann auch: „Die sind nur deshalb so schnell, weil sie vorne gar keine und hinten nur eine, im Regen mehr schlecht als recht verzögernde Klotzbremse besitzen. Die können gar nicht langsam fahren“.

Doch nicht nur Besitzer von Vorkriegsmaschinen waren der Einladung des ADAC zum Oldtimer-Wandern in die Südeifel gefolgt. Marken wie BMW,

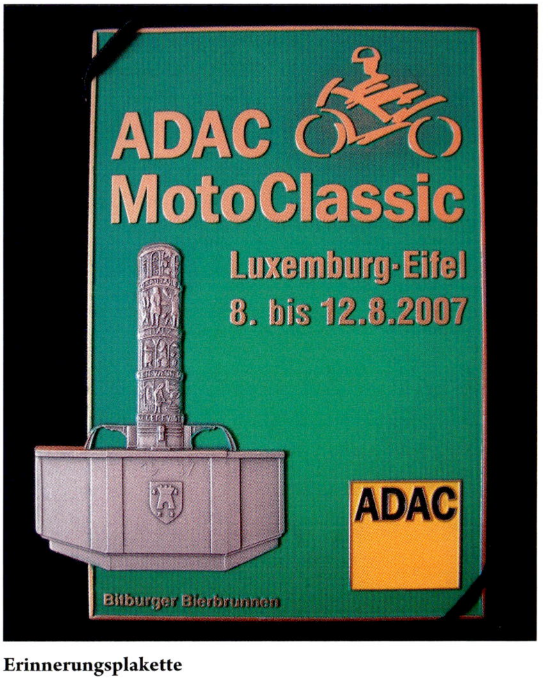

Erinnerungsplakette

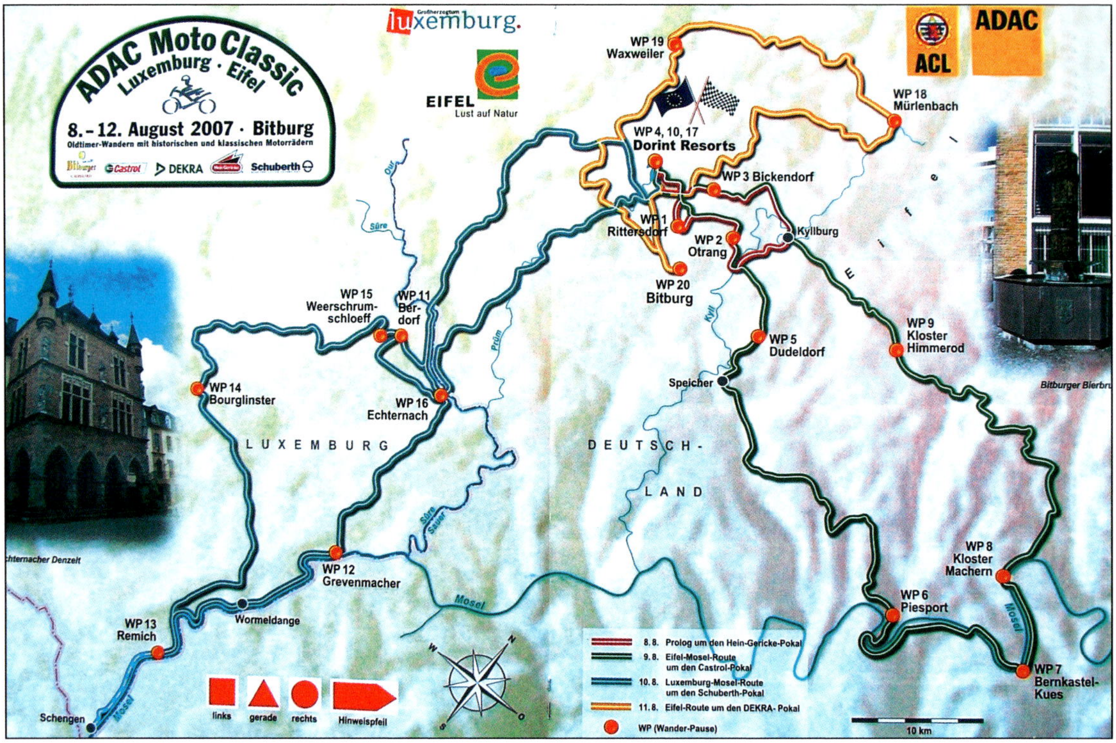

Alle Tagesetappen auf einen Blick

Der frühere Gespannweltmeister Max Deubel schickte das hochkarätige Starterfeld auf die jeweiligen Etappen

DKW oder Zündapp waren sowohl in den Vor- als auch in den Nachkriegsklassen vertreten. Modelle von BSA, Douglas, Norton, Triumph und Velocette hielten die britische Flagge hoch, während die Marken Bianchi, Moto Guzzi und Vespa den italienischen Motorradbau repräsentierten.

Durch die Zulassung von Youngtimern bis Anfang der achtziger Jahre ergab sich ein repräsentativer Querschnitt des internationalen Motorradbaus aus sieben Jahrzehnten. Und gerade die Youngtimer waren es, die unter den zahlreichen Zuschauern an den Kontrollpunkten und während der Mittagspausen Erinnerungen an die eigenen Motorraderlebnisse weckten: „Auf so einer Yamaha hab' ich vor 30 Jahren meinen Einser gemacht."

Neben diversen Fabrikaten aus Fernost waren hier die weißblauen Bayern-Boxer durch eine R 80 G/S und eine R 90 S vertreten. Zudem zeugten zwei Münch TTS, mehrere MZ und Simson sowie eine Hercules Wankel davon, dass es in den siebziger Jahren neben BMW auch noch andere deutsche Motorrad-Hersteller gab.

Dass es bei der dritten Etappe trocken blieb, mag nicht nur der Wanderer-Mannschaft sondern dem ganzen Starterfeld entgegengekommen sein. Bis auf einen: A. Redmer, der eine in nur sechs Exemplaren gebaute AWD (AWD = August Wurring Düsseldorf) pilotierte, vermisste sicher als Einziger das kühlende Nass. Mehrfach musste er das Feld in den folgenden Tagen mit am Straßenrand abgestellter Maschine passieren lassen, wartend darauf, dass der 600er Sei-

G. König auf Velocette und P. Tschirn auf Norton treiben ihre Engländer bergauf

Benno Fricke im stilechten Outfit mit seiner R 47 von 1927

Nebel dick statt Moselblick. Zunächst lernten die Teilnehmer die Eifel von einer ausgesprochen unwirtlichen Seite kennen

Zu den weniger bekannten Marken zählte diese schöne OD TS 50 (Ostner Dresden). Die Maschine wurde 1935 mit einem 500er MAG-Motor ausgeliefert

tenventiler aus dem Hause Horex nach wiederholten Kolbenklemmern wieder abgekühlt war und er die Fahrt fortsetzen konnte. Der selbst nicht anwesende, aber telefonisch kontaktierte „Firmenchef" und Wurring-Enkel Thomas von der Bay, der Redmer dieses einzige, noch existierende Exemplar unentgeltlich für Rallyes zur Verfügung stellt, gab dann die weitere Marschrichtung vor: „Zweitakt-Öl zum Benzin als Obenschmierung, zudem die Frischölschmierung auf Maximum einstellen und bei den Durchgangskontrollen wieder das überschüssige Öl aus dem Kurbelgehäuse ablassen, damit das Pleuel nicht planscht. Ankommen ist wichtig, eine AWD macht nicht schlapp!" Und er sollte Recht behalten. Sein Fahrer lag zwar nahezu bei jedem Zwischenstopp unter der Maschine, brachte aber die AWD über die gesamten 500 Rallye-Kilometer sicher ins Ziel. Vermutlich jedoch ohne die von den Fahrtleitern Max Deubel und Hans Cramer ausgewählten Strecken entlang der Mosel, vorbei an den bizarren Felsformationen des malerischen Müllerthals in der „kleinen luxemburgischen Schweiz" so richtig genießen zu können.

Für den Rest des Feldes bereitete das „Durchsegeln" der Eifel und der Ardennen dafür um so mehr Fahrspaß. Und das schlechte Wetter der vorangegangenen Tage war längst vergessen. Auf der letzten Etappe standen dann noch einmal 100 kurvenreiche Kilometer im Bordbuch, die ihren sportlichen Höhepunkt in einem gezeiteten Slalom und dem anschließenden Concours d'Elegance in Bitburg fanden.

Bereits am Vorabend mussten sich die meisten Maschinen, um ja die Aufmerksamkeit der Jury zu erwecken, noch einmal einer intensiven Reinigungs-

Links: Jawa 500 CS von 1957, der Halbliter-Königswellenmotor leistet 30 PS. Rechts: Grüne Elefanten am Vorstart

Eine, in nur sechs Exemplaren gebaute AWD (AWD = August Wurring Düsseldorf). Der 600er Seitenventiler aus dem Hause Horex hatte wiederholt Kolbenklemmer, hielt aber die gesamte Rallye-Distanz durch

prozedur unterziehen. Da konnte so manche mitgereiste Ehegattin neidisch werden, auf die Sorgfalt und Zuneigung, die ihre Männer hier dem geliebten „Mopped" entgegen brachten. Bis nach Sonnenuntergang wurde gewienert.

Am nächsten Morgen fanden sich dann die Oldies wieder am Startplatz ein, als wären sie gerade eben erst vom Band gelaufen. Ein letztes Mal wälzte sich die Motorrad-Karawane durch die Serpentinen der Eifel, wurden bei herrlichem Sommerwetter die letzten Durchfahrtskontrollen angesteuert, bevor schließlich im Rahmen eines Gala-Abends die Siegerehrung stattfand.

Den Concour d'Elegance machten erwartungsgemäß die Fahrer der mit reichlich Nickelglanz alle Konkurrenten überstrahlenden Uralt-Wanderer unter sich aus. Der Gesamtsieg dagegen ging ausgerechnet an den mit 19 Jahren jüngsten Teilnehmer des Feldes, Raphael Eckert aus Fichtelberg mit seiner Hercules Wankel von 1976. Da soll noch einmal einer sagen, der Oldtimersport leider unter Nachwuchsmangel.

Zusammenfassend lässt sich sagen, dass die MotoClassic 2007 kaum Wünsche offen ließ. In jeder Hinsicht war sie geprägt von einer professionellen Planung und Durchführung, wie dies wahrscheinlich nur von einer Organisation mit der Größe eines ADAC und seiner Niederlassungen zu bewerkstelligen ist. Allein die Auswahl und perfekte Ausschilderung von mehr als 500 Kilometern Fahrstrecke mit den bewährten VFV-Symbolen waren beeindruckend. Und so ist es nicht weiter verwunderlich, dass es sich bei zahlreichen Teilnehmern um „Wiederholungstäter" handelte, die schon einmal dabei waren und auch wieder am Start stehen werden, wenn der ADAC in zwei Jahren erneut zur MotoClassic einlädt. In dem Jahr übrigens, in dem der Veteranen-Fahrzeug-Verband seinen 50. Geburtstag feiert.

Die 1920 gebaute Wanderer 616 von M. Zippel war eine der Maschinen, die den Concour d'Elegance gewannen

Ein dänisches Nimbus-Gespann mit 750er ohc Vierzylinder-Motor. Man, konnte der Junge fahren

Eile mit Weile: Ehepaar Hampf aus Dresden mit ihrer Zündapp EM 249 von 1928

Auch die Achtventil-Wanderer von Familie Grönemann gehörte zu den Siegermaschinen des Concour d'Elegance

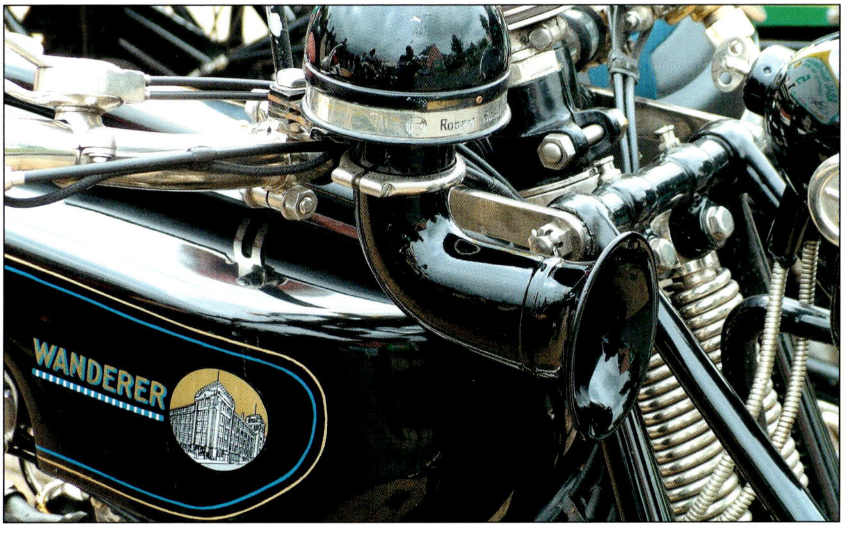

Professor Doktor Maennig bringt seine Münch TTS auf Hochglanz

Wo immer das rollende Museum Rast machte, waren die alten Maschinen – hier vor dem historischen Rathaus von Echternach – von Zuschauern umringt

Bianchi-Endtopf im italienischen Design der 60er Jahre

AWO- und Simson-Motorräder wurden in der DDR gebaut. Mit Kardan-Antrieb gelten sie als robust und ausdauernd.

Spannung vor dem Start des gezeiteten Slaloms in Bitburg

Gesamtsieger der MotoClassic 2007 wurde der mit 19 Jahren jüngste Teilnehmer Raphael Eckert aus Fichtelberg mit seiner Hercules Wankel von 1976. Rechts: Eine Velocette Venom von 1958, …

… die dazugehörige Bremse …

… und natürlich ein britischer Cromwell-Helm

H. Pütz aus Euskirchen ging mit einer wunderschönen Vorkriegs-Douglas an den Start

Der 750er Suzuki „Wasserbüffel“ GT 750S von 1972 bereicherte die Youngtimer-Klasse

Bei dem eng gesteckten Slalom-Parcours hatten Maschinen mit geringem Lenkeinschlag ihre liebe Not.
Auch P. Tschirn mit seiner Dominator 88 SS

Der 350er Einzylinder dieser Junak M10 von 1963 leistet 19 PS. Rechts: Motobecane ist eine traditionsreiche französische Marke. Hier Modell mit 125cm^3-Zweizylinder-Zweitaktmotor. 15 PS galten 1972 als Spitzenleistung für eine 125er

Die Entwicklung der Beiwagen für Motorräder

Eine Zeitreise in Bildern

von Wolfgang Stein

Heute gilt das Motorrad mehr als Freizeit- und Spaßobjekt, dass bei schönem Wetter gefahren wird. Gelegentliche Fahrten zur und von der Arbeit geben dem Fahrer ein gewisses Gefühl an Freiheit. Denken wir aber einmal zurück, wie alles vor über 100 Jahren begann. Vor dem ersten Weltkrieg und besonders ab 1919 bis weit in die dreißiger Jahre war das Motorrad das Fortbewegungsmittel des "kleinen Mannes" für Beruf, Freizeit und Familie überhaupt. Ein Auto konnte sich damals kaum jemand leisten, ein Motorrad per Sparvertrag, Ratenkauf oder abzwacken vom Haushaltsgeld schon eher. Mit dem Einbau von kleinen leichten Motoren in Fahrräder zeigte sich, dass diese zu schwach und die Rahmen der Räder für die Belastungen nicht oder nur bedingt geeignet waren. Die Rahmenkonstruktionen und natürlich die Motoren mussten in ihrer Leistung und Robustheit neu konzipiert werden. Die Motorfahrräder wurden durch Hubraum- und leistungsstarke Motorräder ersetzt. Auch die anfangs noch vorhanden Tretkurbeln zum Mittreten bei Steigungen oder auf unbefestigten und von Pferdefuhrwerken zerfurchten und von Schlaglöchern übersäten Wegen entfielen. Nicht zuletzt die Einführung der Steuer- und Führerscheinbefreiung für Motorräder bis 200 ccm ab Anfang 1928 begünstigte den Motorradboom in den nächsten Jahren. Unzählige Hersteller boten ihre Produkte an. Mit firmeneigenen günstigen Ratenkrediten oder Wechselzahlungen wurde es dem Käufer erleichtert, an „sein" Motorrad zu kommen.

Die schweren Jahre der Inflation und deren Folgen waren vorbei, hatten aber ihre Spuren hinterlassen. Kaum jemand war in der finanziellen Lage, sich ein Auto zu kaufen, sparen war angesagt. Es blieb aber immer noch das Problem der Fahrt zur Arbeit, die Transportmöglichkeit von Gütern und nicht zuletzt der Personentransport für die Familie am Wochenende. Man wollte sich nach den Jahren der Entbehrungen doch wieder mal etwas gönnen.

Ein De Dion Dreirad mit Anhängerwagen, der für die ganze Familie Platz bot. Die Aufnahme dürfte zwischen 1893 und 1895 entstanden sein. Die Höchstgeschwindigkeit des 1,75 PS und 211 ccm Motors lag etwa bei 30 km/h (ohne mitzutreten !)

Eine Leon Boullée (hier mit englischer Zulassung) aus dem Jahr 1896 beweist noch heute seine Einsatzbereitschaft auf Ausstellungen und Wettbewerben

Ein De Dion Bouton von 1899 mit Vorstehwagen

NSU Transportdreirad (Vorsteher) von 1904 mit 3,5 PS wassergekühlt. Der Kühler liegt über dem Hinterrad

Bis Anfang der zwanziger Jahre waren es nur wenige Hersteller, die sich mit dem Problem der Transportmöglichkeiten auf und mit dem Motorrad befassten und geeignete Lösungen anboten. Die Beiwagenentwicklung begann in England und Frankreich, es entstanden eigenwillige, eher nach Eigenbauten anmutende Gefährte, bis die serielle Fertigung Mitte der zwanziger Jahre allmählich anlief. Da die Nachfrage nach Motorrädern anstieg, spezialisierten sich Firmen auf die Herstellung der Beiwagen in allerlei Bauformen.

Am 28. März 1932 wurde im Deutschen Reich die Rechtsfahrverordnung gesetzlich eingeführt. Bis dahin einigte man sich mehr oder weniger, wer nun zu welcher Seite seinem Verkehrsteilnehmer Platz machte. Dieses führte zu zahllosen Unfällen, die das Gesetz nötig machten. So finden sich bis zum Jahr 1932 rechts und links angebaute Seitenwagen in annähernd gleichem Zahlenverhältnis. Bis zu diesem Termin war es jeder Firma oder dem Wunsch des Kunden überlassen, an welche Seite, oder ob vor dem Vorderrad als Vorsteher (Vorläufer) oder als Anhänger (Nachläufer) er seinen Beiwagen angebaut (angeschlagen) haben wollte. Der Höhepunkt der Motorrad- und Beiwagenproduktion lag in der Zeit zwischen 1935 bis zum Ausbruch des Zweiten Weltkriegs.

Auch die Behörden und die Wehrmacht erkannten die Vorteile des Motorrads mit Beiwagen. Es entstand zwischen BMW und Zündapp ein regelrechtes Wettrennen für die Entwicklung eines Seitenwagengespanns mit nach Bedarf zuschaltbarem Beiwagenantrieb und sogar mit Rückwärtsgang.

Letztendlich erhielt Zündapp den Zuschlag für die Serienproduktion der KS 750 und KS 800 für die Wehrmacht. BMW kam nur auf geringere Stückzahlen mit der R 75. Als die Produktion der militärischen Kräder wegen zusätzlicher Rüstungsaufträge ins Stocken geriet, erhielt auch BMW einen Produktionsauftrag. Trotzdem reichte die für Kriegszwecke benötigte Fahrzeuganzahl bei Weitem nicht aus, so dass die Zivilbevölkerung zur Abgabe ihrer Fahrzeuge aufgerufen wurde. Wer sein gemeldetes Fahrzeug nicht freiwillig abgab, wurde durch Beschlagnahmung dazu gezwungen. Noch weit nach Ausbruch des Zweiten Weltkriegs wurden viele der zum Teil liebevoll gepflegten privaten Fahrzeuge von der Wehrmacht beschlagnahmt und für den Front- und Nachschubeinsatz zweckentfremdet. Einige Motorradliebhaber haben noch rechtzeitig ihr Fahrzeug abgemeldet und zum Schein verkauft oder teilzerlegt oder

Ein Passagier Frontal Prospekt von 1907 der Firma Max Eisenmann & Co., Hamburg

Adler Zweizylinder mit 350 ccm V-Motor, der 3,5 bis 4 PS leistete, Seitenwagen aus eigener Herstellung, Baujahr 1907

Eigenbau der Brüder Stan und Reg Wright (England) 1920

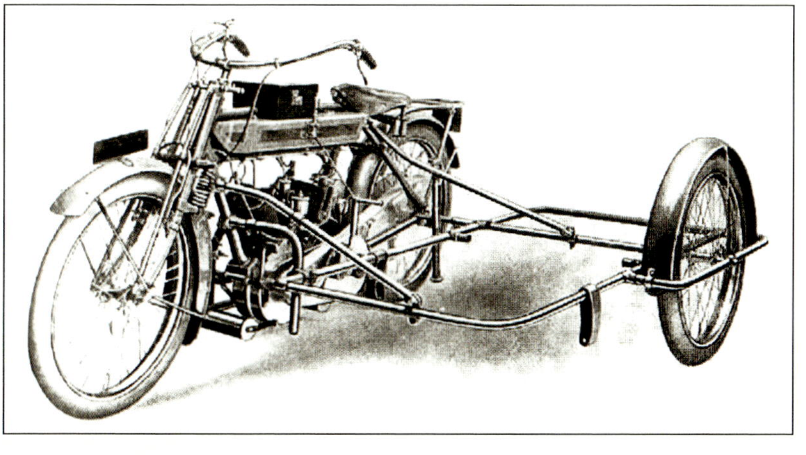

Die Illustration aus einem Prospektblatt von 1912 der britischen Firma Clyno veranschaulicht den Aufbau des Seitenwagenrahmens

Eine Minerva aus dem Jahr 1903 mit 412 ccm und Korbseitenwagen. Die belgische Firma wurde von Sylvian de Jong um 1900 in Antwerpen gegründet und baute zunächst nur Fahrräder. Erst die Ingenieure H. Luthi und E. Zurcher entwickelten einen 211 ccm Motor, der sich in diese Fahrräder einbauen ließ. Sie meldeten mit de Jong ein Fahrrad zum Patent an, dass sich wahlweise in ein Motorrad verwandeln ließ. Ab 1929 baute Minerva nur noch Automobile

Einzylinder Humber (England), 340 ccm, Baujahr 1910

NSU Zweizylinder (658 ccm, 7,5 PS) mit Korbgeflecht-Seitenwagen von 1913

unbrauchbar gemacht um dieser Tortour für sich und ihr Fahrzeug zu entgehen. Das war selbstverständlich unter Strafandrohung verboten. Fahrzeuge, die für den vorgesehenen Einsatzzweck der Wehrmacht nicht den Anforderungen entsprachen wurden in sogenannten "Feldschmieden" passend gemacht und als Transportmittel für ein schweres MG oder zur leichten 20 mm Flaklafette umgebaut.

Der ehemalige Päckchen- oder Paket-Transportbeiwagen der Deutschen Reichspost beförderte nun das Essen der Soldaten oder das Nachschubmaterial bis an die Front und von dort als improvisiertes Sanitätsfahrzeug die Verwundeten wieder zurück. Solomaschinen wurden für Meldereinsätze verwendet. Nur wenige Motorräder mit oder ohne Beiwagen haben die Kriegswirren und damit verbundenen Strapazen unbeschadet überstanden. Die vor dem Krieg im täglichen Werkverkehr schon reichlich verbrauchten Behörden- oder Firmenfahrzeuge fanden in den materialschleißenden Einsätzen ihr Ende.

Nach dem Krieg und mit dem Anfang des Wiederaufbaus in den fünfziger Jahren waren es erneut die Motorräder, die als Lastenesel zum Wirtschaftsaufschwung beitrugen und der Bevölkerung zur Mobilität verhalfen. Nun war es aber umgekehrt, die Militär-Motorräder wurden in zivilisierten Zustand versetzt. Es ist leider nur sehr selten vorgekommen, dass jemand sein damals requiriertes Fahrzeug oder sogar seinen Beiwagen zurück erhielt.

Zum Fahrverhalten der Vorkriegsbeiwagen, insbesondere der Korbsesselbeiwagen, sei angemerkt, dass diese mit ihrem relativ hohen und weit ausladenden Aufbau einen enormen Luftwiderstand mit hohem Schwerpunkt darstellen. Die damit verbundenen Kräfte wirken sich auf die Geometrie des gesamten Gespanns, insbesondere bei höherer Geschwindigkeit, negativ für den Fahrer und sein Motorrad aus. Ein solches Gefährt im heutigen Straßenverkehr bei Oldtimerrallyes zu bewegen, verlangt vom Fahrer viel Geschicklichkeit und vorausschauendes Fahren. Besonders in Situationen, bei dem vom Gegenverkehr oder dicht und schnell überholenden Fahrzeugen der plötzlich hervorgerufen Luftsog fatale Folgen haben kann. Berücksichtigt man die damaligen Straßen- oder Wegeverhältnisse, so ist die Federung für den Beifahrer im Seitenwagen weitaus besser und weicher ausgelegt, als die für den Fahrer, was bei höheren Geschwindigkeiten mit einem solchen Gefährt zum Aufschwingen des Korbes während der Fahrt führen kann. Das bewirkt für den ungeübten Beifahrer ein

NSU Lastendreirad mit 830 ccm
und 6,5 PS aus dem Jahr 1914

NSU mit Anhängebeiwagen,
auch als Nachläufer bezeichnet.
Die Aufnahme entstand
1904 in Ostindien

Lange bevor Steib auf demSeitenwagenmarkt erschien, baute die Firma Royal in München gelungene Stücke. Hier ein Royal an einer BMW R 32 mit 494 ccm Zweizylinder Boxermotor mit 8,5 PS aus dem Jahr 1924

Das letzte von der Firma Clyon im August 1923 gebaute Motorrad mit Seitenwagen: 744 ccm, 8 PS. Seit 1912 entwickelt und gebaut von den Brüdern Frank und Alwin Smith in England. Besonderheit: Die Primär/Sekundärübersetzung erfolgte über eine geneigte Riemenscheibe (inclined pulling, abgekürzt: clined). Den Seitenwagen gab es auf Wunsch mit Windschutzscheibe, Verdeck, Reserverad und Gepäckträger. Die Vierpunktaufhängung mit der gefederten Radaufhängung ließen sich die Brüder patentieren

Geschlossener APS Reisewagen von 1928, Preis 566 Reichsmark

Vierzylindermodell von Militor (Jersey) aus dem Baujahr 1922

Die Legende in weiß: Eine Mars aus dem Jahr 1927

Das Motorrad des Autors, eine Magnat Debon, 350 ccm, 7,5 PS, Baujahr 1927. Der Beiwagen stammt von der Firma Bradbury (England) und wurde nur von 1923 bis 1927 gefertigt. Dies ist ein Originalnachbau des Korbgeflechtseitenwagens. Die teils noch vorhandenen aber stark verrotteten Holzelemente des Originals dienten als Muster- und Maßvorgaben

Bis weit in die zwanziger Jahre hinein wurden die Seitenwagen aus Korbgeflecht auf Holzrahmen als Sessel gefertigt. Der Seitenwagen in Bootform ist nachgebaut. Das Motorrad stammt aus den frühen zwanziger Jahren

Tornax Rennsportgespann aus einem Prospekt von 1929

Werbeprospekt von APS aus dem Jahr 1928

RMW (Ruhrtal Motorradwerke aus Düsseldorf) Modell B 8 mit werkseigenem Seitenwagen, Baujahr 1928

Phönix Stoppa Sport an einer RMW. Die alteingesessene Firma Phönix aus Wenholthausen (Sauerland) arbeitete mit RMW eng zusammen

D-Rad Typ R 9 493 ccm, 12,2 PS, Baujahr 1929 mit werkseigenem Seitenwagen

gewisses Unsicherheitsgefühl, das im Korbsessel durch den relativ hohen Schwerpunkt noch zusätzlich verstärkt wird. Die Bauweise dieser Korbsesselseitenwagen war wegen der verwendeten Materialien relativ schwer. Das Geflecht bestand zumeist aus Peddigrohr, seltener aus Rattan oder Weide, das auf einen Holzrahmen geflochten wurde. Eine leichtere Variante waren mit Jute bespannte Beiwagen, die als Wetterschutz mit Ölfarbe bestrichen waren. Die Sitzbespannung bestand aus Leder und die Polsterung meistens aus Rosshaar. Also hatte alles zusammen die Eigenschaft, zunehmend Feuchtigkeit bei schlechter Witterung aufzunehmen, womit der Zerfall durch Fäulnis im Lauf der Zeit vorgegeben war. Daher sind heute noch gut erhaltene Originalstücke nur recht selten anzutreffen, die meisten dieser Beiwagen dürften aber letztendlich auf dem "Kompost" gelandet sein.

Motorradtaxen in Nürnberg in den zwanziger Jahren

Die neueren Bauformen ab den dreißiger Jahren waren bereits einem Boot ähnlich und in Leichtbauweise aus Aluminium hergestellt. Diese Bauweise und Form hat sich bis heute erhalten, lediglich wird statt Aluminium vermehrt Kunststoff eingesetzt. Die heutigen Beiwagen haben eine aerodynamisch günstigere Form sowie einen während der Fahrt kaum merklichen Luftwiderstand, was für Fahrer und Beifahrer eine entspannendere Fahrweise bedeutet. Hier treten lediglich bei zu schnellen Kurvenfahrten die Zentrifugalkräfte auf, denen der Fahrer entgegenwirken muss. Es ist also ein Leichtes, auch ein leichtes Gespann mit niedrigem Schwerpunkt bei unachtsamer Fahrweise auf die Seite zu legen. Trotzdem, das Motorrad mit Beiwagen ist längst ein Kultobjekt. Jeder der ein solches Gefährt früher einmal gefahren hat, wird sich gerne an diese zum Teil schwere und gleichzeitg schöne Zeit erinnern, in die er sich gerne zurück versetzen würde. Allen Gespannfahrern sei allzeit eine gute und unfallfreie Fahrt gewünscht!

Zeichnung aus einer Tageszeitung Anfang der dreißiger Jahre. Die Polizei stellt einen Autodieb nach riskanter Verfolgungsjagd, auf einem D-Rad

RMW Behindertenfahrzeug mit 198 ccm Zweitaktmotor

RMW Seitenwagen Typ Sport. Die RMW entstammt ursprünglich der 1919 in Düsseldorf gegründeten Firma Bleha (Daniel Blecher und Karl Haard)

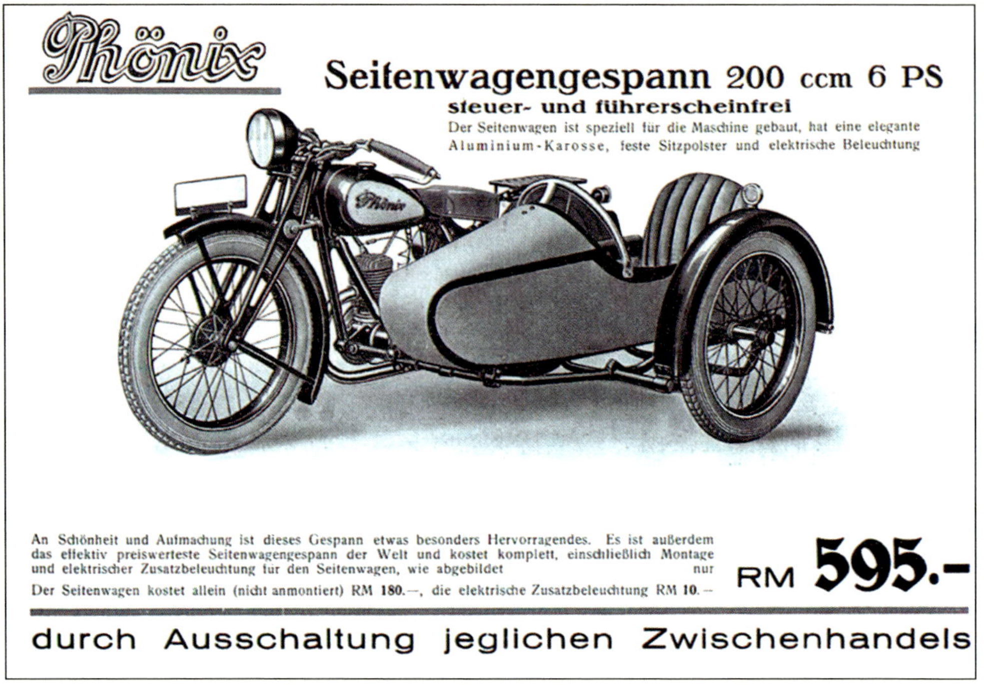

Phönix Werbeprospekt von 1934. Bei der Maschine handelt es sich um einen Zweitakter mit 198 ccm. Links: DKW Sportgespann UL 600 von 1933

Opel Gespann aus der Mitte der dreißiger Jahre. Am 28 März 1932 wurde vom Reichsverkehrsministerium der Rechtsverkehr gesetzlich festgelegt. Erst ab diesem Datum begann man allmählich, den Seitenwagen ausschließlich auf die rechte Seite zu montieren. Das geschah zur Sicherheit der mitfahrenden und ein- und aussteigenden Personen

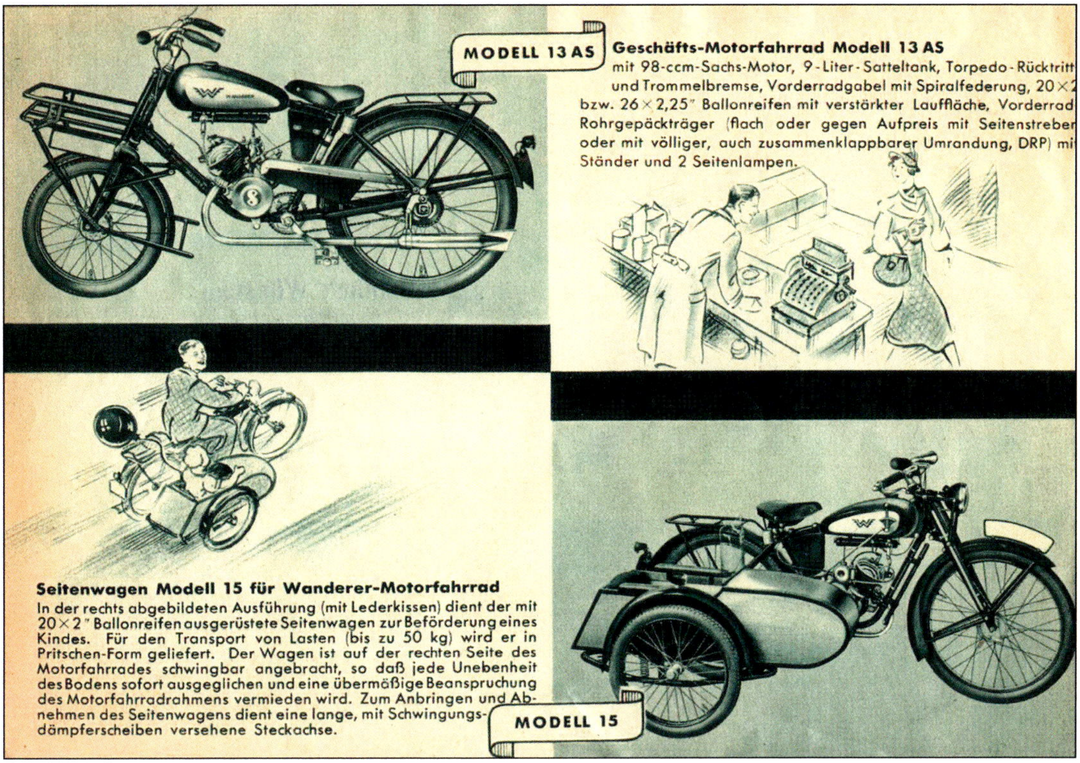

Werbeprospekt von Wanderer aus Siegmar für einen Seitenwagen Modell 15 und für den Lastenaufsatz für das Motorfahrrad mit 98 ccm, Dezember 1936

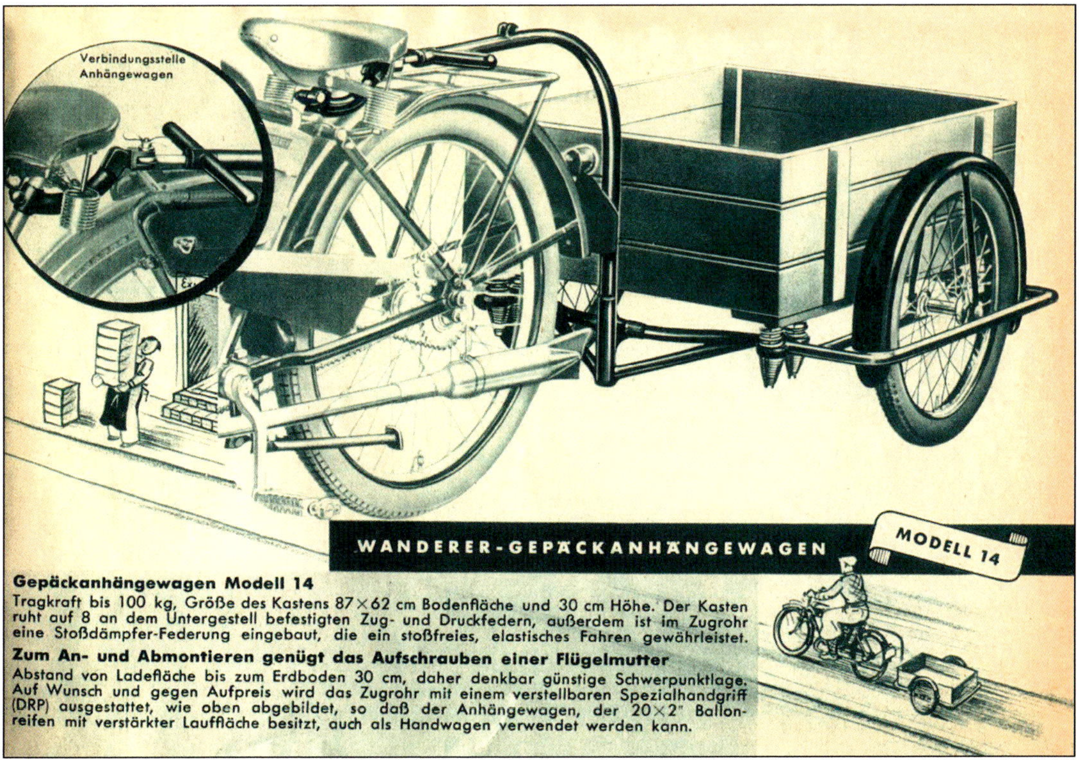

Moto Guzzi Gespann aus den vierziger Jahren

Der Phönix Seitenwagen „Type Sport" stand mit 158 Reichsmark in der Liste. Für die Montage an ein Phönix Motorrad wurden 10 RM Montagekosten berechnet. Die entfielen natürlich beim Kauf eines kompletten Gespanns

Der Phönix Seitenwagen „Type Luxus" war 1939 für 185 Reichsmark zu haben

Titelseite des letzten Werbeprospektes von Phönix aus dem Jahr 1939

Versuchsmodell von Steib für die Deutsche Wehrmacht. Im Hintergrund zwei Boote und ein für den Versand fertiggestellter Seitenwagen im Holzverschlag

Entwicklungsstudie eines mitlenkbaren Seitenwagens von Zündapp aus der Vorkriegszeit zur Verringerung des Wendekreises. Die Pfeile weisen auf das Lenkgestänge mit Kugelköpfen. Wegen der Anfälligkeit in den Gelenken wurde von einer Serienproduktion abgesehen

Zündapp Beiwagen Modell BW 40 von 1941

Oben: Zündapp KS 750 als Zugpferd mit einer Hangaufzugswinde für Segelflugzeuge. Die Winde arbeitete mit einem 600 ccm Stamo Motor

Links: Ein von der Deutschen Wehrmacht requiriertes ziviles Motorrad mit einem zum schweren MG-Krad umgebauten Seitenwagen

Diese Aufnahme verdeutlicht die hohe Bodenfreiheit von 295 mm des Beiwagens an der Zündapp KS 750

Steib Kastenseitenwagen an einer Zündapp DB 200. Das Motorrad leistete nur 7 PS, war aber eine vielseitig verwendbare Seitenwagenmaschine. Die ersten Modelle nach dem Zweiten Weltkrieg wurden aus Restbeständen der Vorkriegsproduktion zusammengebaut. Erst ab 1947 erhielten die Motorräder den Motor mit 7,5 PS und die neue Bezeichnung DB 201. Bei der Deutschen Bundespost waren diese Gespanne für Päckchen- und Paketzusteller bis Anfang der siebziger Jahre im Einsatz

Oben: DKW 350 ccm mit Seitenwagen aus eigener Fertigung unter Lizenz der Firma Binder
Rechts: Eine BMW R 75 als Dreirad der ehemaligen Wehrmacht etwa 1947 in zivilem Einsatz

Titel eines Prospekts von 1951

Das Geier (Lengerich) Motri erscheint Anfang der fünfziger Jahre. Der Kasten hat einen verschließbaren Deckel und kann 200 kg Nutzlast aufnehmen

Gespann aus den frühen fünfziger Jahren mit Zweizylinder Boxer Zündapp KS 601

Steib LS 200 mit tief gezogenem Einstieg für den Geländesport, hier an einer Victoria Bergmeister montiert

BMW R 25/2 mit Steib-Beiwagen LS 200

Oben: Das letzte Zündapp KS 601 Rennsportgespann. Rechts: Dasselbe Gespann bei einem seiner letzten Einsätze mit der KS 601 mit Rudi Grenz und Heinz Kittler bei der „Nordbayerischen" Geländerallye

Für ganz schnelle Männer: Zündapp KS 601 Sport

Zündapp KS 601, hier mit Zündapp Seitenwagen L 500 S, ist die schwerste Zündapp der Nachkriegszeit

Zündapp Elastic 250 mit 13 PS und langhubigen Teleskopgabeln

DKW RT 350 mit eigenem Seitenwagen

Zündapp KS 601 mit Seitenwagen TR 500, ein leistungsstarkes Gespann, das oft als Behördenfahrzeug eingesetzt wurde

BMW R 25/3 mit Steib S 250 aus dem Jahr 1955 für Motorräder von 200 bis 500 ccm. Auf dem Beiwagenkotflügel fehlt der geschwungene Handgriff mit Beleuchtung, dafür wurde ein Rücklicht als Begrenzungsleuchte umfunktioniert

Die Horex Regina 400, eine robuste Gespannmaschine mit 22 PS, wurde von 1953 bis 1956 gebaut und zum Preis von 2835 DM angeboten. Die Regina war in mehreren Motorvarianten von 250 bis 500 ccm lieferbar und in den fünfziger Jahren eine der beliebtesten Maschinen überhaupt

Die BMW R60 mit 600 ccm Zweizylindermotor mit 28 PS war von 1956 bis 1969 im Programm. Hier mit dem BMW Schwingachs-Seitenwagen

NSU Anhängebeiwagen an einem Roller als Campingmobil

Sonderanfertigung für die Post: Leichter Kastenseitenwagen Typ LT 200 von Steib. Rechts: Kastenaufbau auf dem Beifahrersitz der Zündapp Bella 201. Die Fahrzeuge waren bis weit in die siebziger Jahre im Einsatz bei der Post

Motorroller „Berlin" mit Eigenbau-Seitenwagen. Die gelbe Begrenzungsleuchte stammt von Trabant

MZ ES 250 mit 14,5 PS und mit Stoye Elastik Seitenwagen

Die Linienführung der MZ ES 250/2 (17,5 PS) des Baujahrs 1967 ergibt in Verbindung mit dem kantigen Seitenwagen „Superelastik" ein attraktives Gespann

Foto von Seltenheitswert: Münch Mammut 4 TTS Gespann. Ab Werk gab es diese Gespanne nie, sondern nur auf private Initiative

Die Nürnberger Hochleistungsprüfung

2. April 1939

von Thomas Reinwald

Es gab genügend Sportveranstaltungen, die im Sportkalender völlig bedeutungslos blieben und die schon am nächsten Tag in Vergessenheit geraten waren. Es gab aber auch Sportevents, die zwar nur einmal abgehalten wurden, aber nach Jahrzehnten nicht vergessen sind. Eine solche war die sogenannte Hochleistungsprüfung, die am 2. April1939 zum ersten und einzigen Mal stattfand. Der Begriff Hochleistungsprüfung war am Vorabend des Zweiten Weltkriegs von den Nazi-Ideologen ganz bewusst gewählt worden, denn man wollte dadurch zum Ausdruck bringen, dass man hier die höchstmöglichen Anforderungen an Mensch und Maschine stellte. Es sollte sich damit die gezielte, knapp sechs Jahre währende unerbittliche Schulung der Motorradfahrer im sportlichen Zweikampf auszahlen. Gleichzeitig und nicht zuletzt war es eine Selbstbeweihräucherung der Partei. In der Tat hatte sich seit der Machtergreifung durch die Nationalsozialisten im Jahre 1933 gezeigt, dass die zunächst als klassische Zuverlässigkeitsfahrten titulierten Geländefahrten immer schwieriger wurden und immer mehr dem Mensch und den Maschinen abverlangten. Als sich dann die Vorbereitungen für den geplanten Krieg verdichteten, sollten über Motorsportveranstaltungen die Fahrer unbewusst mehr und mehr an die Grenzen ihrer Belastbarkeit und damit an – so dachten die Parteioberen – annähernd realistische Kriegsverhältnisse herangeführt werden.

Die klassische Veranstaltung in dieser Hinsicht war die jährlich abgehaltene Drei-Tage-Fahrt, die bei ihrer letzten Austragung im Jahr 1938 enorm Material mordend war. Der sportliche Geist trat zusehends in den Hintergrund und hatte gegen Ende der dreißiger Jahre dann nur noch den Charakter des Deckmantels, um den im NSKK organisierten Fahrern und den teilnehmenden Soldaten der Spezialeinheiten die für den anstehenden Kriegseinsatz gewünschte Härte anzutrainieren.

Die NSKK Motorgruppe Franken trat in den ganzen Jahren niemals groß als Veranstalter von nennenswerten motorsportlichen Aktivitäten in den Vordergrund, obwohl ja gerade Nürnberg die größte Ansammlung der namhaftesten Motorradfirmen hatte. Doch 1939 schrieb man für Sonntag, den

Die bei dieser Veranstaltung zu gewinnenden Preise waren von heroischer Machart in Glas und Metall gehalten. „Die Parteifunktionäre als „Herren der Veranstaltung. Am Baum ist das Plakat für die „Hochleistungsprüfung" erkennbar

Bereit zur Ansprache ist hier NSKK-Oberführer Treimer, der schon am Mikrophon steht

2. April 1939 die „Nürnberger Hochleistungs-Prüfung für Krafträder ohne und mit Seitenwagen“ aus. Im Geleitwort schrieb der Führer der Motorstandarte 83, NSKK Oberführer Treimer, folgenden Text: „Die für Nürnberg erstmalig durchgeführte Hochleistungs-Gelände-Prüfung ist nicht eine Sensation, sondern sie wird unter Beweis stellen, dass der Kraftfahrsport eine hohe Schule des Sports ist. Bei dieser Fahrt entscheidet nicht allein technisches Können des Fahrers, sondern Mut, Gewandtheit und Ausdauer.“

Im Stab des Veranstalters fanden sich dann folgende Größen des Kraftfahrwesens wieder: Der regional bekannte Autohändler (Sturmhauptführer) Kropf, der Triumph-Motorradsportler (Sturmführer) Kussin, der in den zwanziger Jahren aktive Mars- und Wanderer-Rennfahrer (Oberstaffelführer) Schulz sowie der auf Zündapp und Triumph fahrende (Oberstaffelführer) Toni Fleischmann – der ältere Bruder von Heiner Fleischmann. Diese Herren und weitere NSKK-Mitglieder hatten als ideales Gelände für diese Veranstaltung das für seinen Sandstein bekannte bergige und im Wald gelegene Teilstück ausgewählt, das in der Nähe des heutigen Tiergartens liegt und unter dem Namen Schmausenbuck in der Nürnberger Stadtkarte verzeichnet ist. In diese Naturlandschaft wurde der 1,7 Kilometer lange Streckenverlauf so integriert, dass sich teilweise Steigungen von bis zu 60 Grad ergaben. Darüber hinaus wurden auch zwei so genannte Knüppeldämme angelegt. Dabei handelte es sich um steile Auffahrten, bei

Victor Söllner auf seiner 125er Victoria vor der stattlichen Anzahl an Zuschauern

denen Holzbalken quer zur Fahrrichtung gelegt wurden, die noch zusätzlich mit Öl getränkt waren, damit ja fast kein Erklimmen der Auffahrt ohne fremde Hilfe mehr möglich war! Steinreiche Streckenabschnitte wurden ebenso in den Streckenverlauf aufgenommen, wie eine fast knietiefe Schlammdurchfahrt.

Unter diesen widrigen Umständen nahmen am Sonntag, nach der 15-minütigen Flaggenhissung um 14.15 Uhr, die ersten Fahrer die schwierige Strecke unter ihre Räder. Der Parcours musste von allen Fahrern dreimal absolviert werden. Bereits beim Training am Samstag hatte sich gezeigt, dass vor allem die 125er Maschinen mit den Tücken der schmierigen

Knüppeldämme oft an ihre Grenzen gestoßen waren. Als Konsequenz davon entschärfte man für den Lauf am Sonntag die ölgetränkten Hölzer. Auch hatten die Fahrer aus der samstäglichen Trainingsmöglichkeit ihre Lehren gezogen und teilweise sehr grobstollige Reifen bevorzugt. Auch die Hinterradübersetzungen wurden den Gegebenheiten angepasst. Als Motorräder kamen überwiegend serienmäßigen Modelle zum Einsatz, wobei natürlich vor allem die heimische Nürnberger Zweiradindustrie sehr stark vertreten war. Victoria, Ardie, Triumph und Zündapp boten ihre besten Fahrer auf.

In der Wertungsgruppe C, der Lizenzklasse bis 125 cm³, gab es nur vier Teilnehmer, wobei vor allem der 90 Kilogramm schwere Eugen Haselbeck unter Insidern auffiel, denn er fuhr einen 125er Zündapp-Prototyp. Diese Entwicklung wurde in der Zündapp-Entwicklung unter der Hand fortgeführt und hatte keine offizielle Fertigungsgenehmigung erhalten. Denn im als Schell-Plan bekannt gewordenen Reglementierungsbeschluss stand Zündapp die Produktion einer Achtellitermaschine nicht mehr zu. Der für dieses Kleinmotorrad doch sehr schwere Haselbeck bewältigte die Strecke so souverän, dass er seine drei Mitbewerber, Kratzer, Knieß (beide auf Fichtel & Sachs) und Söllner (Ardie), hinter sich ließ.

In der Wertungsgruppe der Lizenzfahrer bis 250 cm³ warteten indes 25 Fahrer auf das Startsignal. Darunter waren die damals bekannten Werksfahrer von Triumph, Victoria, Ardie und Zündapp und Privatfahrer, die mit ihren privaten NSU keine Chancen gegen die Werksfahrer hatten. Dieser Lauf war sehr spannend, denn zwischen dem Victoriakämpen Georg Dotterweich und dem Ardie-Fahrer Victor Söllner entbrannte ein harter Kampf um den Sieg. Die beiden sorgten mit ihrer waghalsigen Fahrweise für

Der 125er Zündapp-Prototyp wirkte unter dem 90 kg schweren Eugen Haselbeck recht gebrechlich, doch dass dies nicht der Fall war, zeigte er mit dem Klassensieg

Begeisterung und am Schluss reichte es für Georg Dotterweich mit einem Vorsprung von nur 1,5 Sekunden zum Sieg gegenüber Söllner. Dritter in dieser Klasse wurde der Triumph-Pilot Fritz Fallier. Fallier konnte sich dann im darauf folgenden Lauf in der Lizenzklasse bis 350 cm³ durchsetzen und gewann ihn vor seinem österreichischen Stallgefährten, dem 20 Jahre jungen Ernst Kussin. Der auf einer BD 250 in der 350er Klasse gestartete Fallier war mit einer Zeit von 12 Minuten 57,5 Sekunden sogleich der schnellste Mann der gesamten Veranstaltung. Fallier hatte sich als Lohn für diese Leistung ein von Gauleiter Julius Streicher selbst gemaltes Bild verdient, das ihm von NSKK Oberführer Treimer im Rahmen der zeremoniellen Siegerehrung überreicht wurde.

Besondere Beachtung in der 350er Klasse wurde der Zündapp von Georg Weiß zuteil. Sein Motorrad war eine DS 350, bei der jedoch statt des starren Rahmens eine Hinterradfederung eingebaut war. Diese Versionen setzte Zündapp 1939 oftmals bei Zuverlässigkeitsveranstaltungen ein, doch mit der mangelhaften Dämpfung kam Georg Weiß bei den widrigen Umständen am Schmausenbuck nicht zurecht, denn ein achter Platz in dieser Klasse entsprach keineswegs der gewohnten Leistungsfähigkeit des Zündapp-Spitzenfahrers.

Die große Lizenzklasse bis 500 cm³ war von der Erwartung geprägt, dass der Zirndorfer Zündapp-Mann Rudolf Grenz den Lauf für sich entscheiden würde. Doch schon kurz nach dem Start musste er die Zündapp an die Seite stellen: Kerzenschaden. Auch dem Münchner Otto Sensburg ereilte das gleiche Schicksal, doch er konnte zumindest weiterfahren. Damit war der Weg frei für den BMW-Fahrer Rudi Seltsam. Er beendete den Lauf vor dem Ellwanger Hermann Vogt, der eine private Zündapp fuhr und dem BMW-Fahrer Otto Sensburg.

Als Abschluss der sonntäglichen Veranstaltung wurden die Gespanne auf den mittlerweile schon stark ausgefahrenen Rundkurs geschickt. Lediglich

Triumph-Werksfahrer Fritz Fallier startet auf der neuen BD 250

Hans Weigand steuert ausdruckslos seine 250er Zündapp im Slalom zwischen die Bäume hindurch

Das ist einer der beiden Knüppeldämme: Man sieht die querliegenden, in die Streckenführung eingelassenen Holzstämme. Parteigenossen stehen schon parat, um den Fahrern zu helfen, doch dieser hat hier anscheinend keine Mühe, die starke Steigung zu bezwingen

Zündapp-Werksfahrer Georg Weiß auf einer DS 350, die – entgegen der Serie – mit einer Hinterradfederung ausgerüstet war

fünf Gespanne traten an, wobei der Lauf eigentlich nur zwischen den beiden Zündappwerksfahrern Georg Weiß und Josef Hecker entschieden werden konnte.

Der Würzburger Reinfurt auf Victoria, der Tettnanger Hans Hepp und der Bamberger Oberleutnant Behrens hatten unter realen Gesichtspunkten keinerlei Aussichten auf einen Sieg. Doch auch der Zündappfahrer Georg Weiß ging mit etwas mulmigem Gefühl ins Rennen, denn er hatte im Training einen kapitalen Sturz verursacht. Zusammen mit seinem Copiloten, Hans Zimmermann, steuerte er im Samstagstraining das KS 600 Gespann einen der beiden Knüppeldämme hinauf, doch für die Seitenwagenmotorräder war die Auffahrt zu schmierig und zu steil, so dass sie kapitulieren mussten. Das letzte Stück der Steilauffahrt konnte dann nur noch mit zusätzlicher menschlicher Hilfe bewältigt werden, die in Form von Soldaten sofort parat stand. Georg Weiß wusste sich jedoch zu helfen und ersetzte nach dem Training die aufgezogenen grobstolligen Reifen durch feinprofilierte. Dadurch erreichte er eine verbesserte Traktion auf diesem schmierigen Stück und fuhr die folgende Trainingseinheit wesentlich leichter hinauf als die Konkurrenten. Doch den Reifenwechsel hatte der Organisator mitbekommen und machte Weiß einen dicken Strich durch die Rechnung, denn kurzer Hand nagelte man noch einen Maschendraht auf die Holzbalken und als Weiß als erster im offiziellen Zeittraining nichts ahnend auf die Strecke ging, passierte es: Mit Vollgas preschte er mit dem Zündapp-Gespann den Knüppeldamm hinauf, kam auf den Maschendraht, das Gespann katapultierte sich nach oben und bäumte sich auf wie ein Pferd! Instinktiv konnten sich Weiß und Zimmermann von der 600er entfernen und stürzten den Hang hinunter. Das Gespann überschlug sich und prallte gegen einen Baum. Die Maschine war zwar kaputt, doch beide kamen lediglich mit leichten Blessuren davon.

Mit einer neuen Maschine ging Weiß dann ins Rennen. Wie von den Anwesenden erwartet entbrannte der Kampf zwischen den beiden Markengenossen: Hecker/Weigand gegen Weiß/Zimmermann. Die Werksduos schenkten sich nichts, die Zuschauer waren begeistert und fieberten mit. Am Schluss war das Ergebnis eindeutig: Hecker/Weigand gewannen mit dem beachtlichen Vorsprung von einer Minute vor Weiß/Zimmermann.

Das Zündapp-Werksgespann KS 600 unter Georg Weiß und Beifahrer Hans Zimmermann

Von Schlamm-durchfahrten gezeichnet ist die Triumph BD 250

Tja , der syrup-artige Morast forderte Tribut: Diese Triumph BD 250 konnte ohne Hilfe nicht mehr aus dem Schlamm gezogen werden. Man beachte das total verschmierte Hinterrad

Zu guter Letzt gab es Läufe der Ausweisfahrerklassen, also in den politischen Motorgruppen organisierte Amateure. Die kamen aber größtenteils wegen fehlender Erfahrungen überhaupt nicht mit den Streckenbedingungen zu Recht und waren wegen der immensen Zuschauermenge nervös. Die lokale Tagespresse schrieb dazu: „... man schätzte die Zahl der Zuschauer am Sonntagnachmittag auf rund 12 000 und hat damit bestimmt nicht übertrieben" und die damals führende Motorradzeitschrift nannte sogar die Zahl 20 000. Aus heutiger Sicht darf jedoch vermutet werden, dass es nicht einmal 12 000 Anwesende waren. Zudem sieht man auf den Aufnahmen sehr viele gut gekleidete Frauen und Kinder an der Streckensperrung stehen, die vermutlich einer besonderen Einladung des Veranstalters gefolgt waren. Diese sahen dann, wie jeweils nach Beendigung des Laufs die Siegerehrung durchgeführt wurde, die NSKK-Oberführer Treimer persönlich vornahm und die Sieger mit heroisch gestalteten Adlern oder Kämpfern in Siegerpose auszeichnete. Er sprach in der Rede von „den großen Leistungen, die von den Maschinen gefordert wurden, und vom Mut und Schneid der Fahrer, die alles bei der Fahrt riskierten".

Dies war eine durchaus realistische Aussage, denn die Streckenauswahl verlangte den Fahrern wirklich viel Courage ab. Selbst die damaligen Berichterstatter der regionalen Tageszeitung sprachen von „außerordentlich schweren Bedingungen" und auch die Motorradzeitschrift schrieb, dass die Strecke „außergewöhnlich schwer" war. In der sprachlich heroischen Wortwahl der damaligen Presse hieß es: „Das Hauptrennen am Sonntag übertraf alle Erwartungen. Nicht allein, dass das Wetter sich besonders glücklich anließ, auch die anderen äußeren Umstände trugen dazu bei, die 1. Nürnberger Hochleistungsprüfung zu einem Erfolg zu gestalten, wie er in der Geschichte des Nürnberger Kraftfahrsportes im allgemeinen und des NSKK-Sportes im besonderen einzigartig ist." Auch wenn hier etwas dick aufgetragen wurde, die Kernaussage stimmt, denn ohne Zweifel blieb diese Veranstaltung wegen ihrer Schwere und ihrer Einzigartigkeit in Erinnerung. Als nach dem verlorenen Krieg sich vom Raum Düsseldorf aus eine ganze neue Disziplin von Motorsport in Deutschland etablierte und schließlich unter dem Begriff Moto-Cross zum Siegeszug ansetzte, erinnerte sich so mancher Zeitgenosse an eben jene Nürnberger Veranstaltung am 2. April 1939, die – hätte es den Begriff damals schon gegeben – durchaus als Moto-Cross Lauf bezeichnet worden wäre.

Am Helm und an der Kennzeichnung des vorderen Nummernschildes ist erkennbar, zu welcher Organisation der Fahrer dieser Zündapp KS 500 gehörte

Auch dieser Fahrer passiert den Knüppeldamm ganz gut

Ausweisfahrer Konrad Best auf der 125er Victoria, deren Leistung für diese Streckenverhältnisse recht mager war

Der Gewinner der 125er Lizenzwertung Eugen Haselbeck im Schlammbad

Totales Chaos auf der Strecke! Im Hintergrund kämpft Rudi Seltsam mit seiner BMW gegen die Tücken des Bodens, während das BMW-Gespann unter Hepp/Günther auf Abwegen ist. Dagegen sieht es so aus, als wenn der Amateur Berthold auf seiner 125er Victoria ganz gut zurecht kommt

Gnom: Urahn aller Horex-Modelle

von Jürgen Nöll

Die Geburtsstunde der Marke Horex genau einzuordnen ist nicht ganz einfach, denn es gab in der Frühgeschichte der berühmten Bad Homburger Marke nicht den „typischen" Motorradfabrikanten, der sich am Tag X im Jahre Y entschlossen hatte, eine Firma zur Herstellung von Motorrädern zu gründen und dieser dann von Beginn an den Namen zu geben, der über Jahrzehnte Bestand haben sollte.

Wenn es darum geht, wann das erste Motorrad mit dem Namen Horex das Licht der Welt erblickte, so muss ganz klar das Jahr 1923 genannt werden. In diesem Jahr wird der Öffentlichkeit auf der Automobilausstellung in Berlin erstmals ein Motorrad vorgestellt, das den Namen Horex auf dem Tank trägt. Auch Firmengründer Fritz Kleemann nannte in seiner, an Weihnachten 1954 veröffentlichten Unternehmensbiografie „Geschichte der Windsbraut" als Gründungsjahr der Marke Horex das Jahr 1923.

Der Zusammenschluss der Horex Fahrzeugbau AG und der Columbus-Motorenbau AG, aus deren Fusion schließlich die Horex-Columbus-Werke hervor gehen, findet allerdings erst zwei Jahre später, 1925 statt. Dieser Umstand führt in Bezug auf das Gründungsjahr des Unternehmens immer wieder zu unterschiedlichen Interpretationen.

Der Name Horex entsteht als Wortkombination aus „Ho" für Homburg und „rex" für die Rex-Konservenglas-Gesellschaft, die der Vater des jungen Fritz, Kommerzienrat Friedrich Kleemann, im Jahr 1918, unmittelbar nach Ende des Ersten Weltkrieges übernommen hatte. Wenig später erwirbt er die Aktienmehrheit an der Columbus Motorenbau AG.

Bereits zum Jahreswechsel 1921/1922 bietet Columbus einen, wie die Werbung verspricht, für jedes Fahrrad passenden Einbau-Motor an, den von Oberingenieur Eduard Freise konstruierten Oberurseler Gnom.

In einer Remise, auf gut Deutsch in einem Wagenschuppen, auf dem elterlichen Anwesen montiert der zu diesem Zeitpunkt gerade 20 Jahre alte Fritz Kleemann diese kleinen Motoren in zugekaufte Fahrräder und verdient sich damit die ersten Sporen als selbstständiger Unternehmer. Die noch äußerst bescheidene Belegschaft besteht aus einem, je nach Arbeitsauslastung gelegentlich auch aus zwei Monteuren. Ein kleiner, bescheidener Bastel-Schuppen, mehr nicht. Aber es gibt schon kurze Zeit später einen Verkaufsprospekt. Dem ist folgender Wortlaut zu entnehmen: „Langjährigen Erfahrung im Bau von Verbrennungsmotoren, die bei geringstem Gewicht mit peinlichster Präzision aus hochwertigen Materialien hergestellt große Leistung ergeben und zuverlässig arbeiten, haben wir benutzt, um einen Fahrrad-Einbaumotor auf den Markt zu bringen. Unser Oberurseler Gnom entspricht allen Anforderungen, die man an einen Fahrrad-Einbaumotor zu stellen berechtigt ist. Bisher bekannte Konstruktionen bedingen entweder einen verstärkten Rahmenbau oder sie kranken an Unwirtschaftlichkeit, schneller Abnutzung, Nachlassen der Leistungsfähigkeit, schlechter Kühlung oder das Fahrrad selbst leidet stark unter der

Die Titelseite des Gnom- Prospektes

Mit diesem kleinen Motor legte Fritz Kleemann in den zwanziger Jahren den Grundstein der Horex-Werke

Der Oberurseler „Gnom" ist mit 62,8 cm³ Hubraum und 0,75 PS zur Motorisierung des Fahrrades und damit als preiswerte Alternative zum Kleinmotorrad gedacht. Die Positionierung des Zündmagneten unterhalb des Tretlagers und die Kühleinrichtung am vorderen Schutzblech für den kleinen Viertaktmotor ließ sich Kleemann patentieren

Auf der rechten Seite ist die außen liegende Schwungscheibe des kopfgesteuerten, getriebelosen Motors angebracht

Beanspruchung. Unser Motor kann von jedermann selbst ohne besondere Vorkenntnisse in jedes vorhandene normale Tourenfahrrad eingebaut werden. Wie die Abbildungen zeigen, wird der Motor zwischen den Tretkurbeln einmontiert. Diese Anordnung hat den Vorteil, dass der Schwerpunkt tief liegt, wodurch ein sicheres Fahren gewährleistet wird. Eine Verschmutzung des Motors kann nicht eintreten. Sämtliche Wellen laufen in bewährten Rollenlagern. Unser Oberurseler Gnom gibt jedermann die Möglichkeit, sein Fahrrad in ein Kraftrad umzuwandeln, welches dann ein sicheres Beförderungsmittel, ohne Anstrengung des Fahrers, für kurze und lange Strecken bildet. Jedermann ist in der Lage, bis zu einer Höchstgeschwindigkeit von circa 30 Kilometer die Stunde jede Geschwindigkeit zu wählen, ohne besondere Vorkenntnisse. Die Lieferung des Motors geschieht komplett für den Einbau und kann als Postpaket erfolgen. Einfache Konstruktion, größte Betriebssicherheit, leichte Bedienung und Wartung sind die Vorzüge unseres Motors."

Es sind wirtschaftlich schwierige Zeiten, es sind Jahre größter Armut und Entbehrungen. Deutschland hatte den Krieg verloren. Zerstörung, Arbeitslosigkeit und Hungersnot prägen den Alltag im ganzen Land. Zudem stellen die ehemaligen Kriegsgegner und jetzigen Besatzungsmächte Reparationsforderungen in gigantischer Höhe. Überall mangelt es an den einfachsten Dingen. Die dringend für den Fahrzeugbau benötigten Rohstoffe wie beispielsweise Stahl oder Kautschuk sind, wenn überhaupt, nur unter allergrößten Schwierigkeiten zu beschaffen und durch den permanenten Verfall der Währung fast nicht mehr zu bezahlen. Diese Inflation ist eine Geldentwertung von gigantischem, heute kaum vorstellbarem Ausmaß. So kostet beispielsweise eine Zündapp Z 22 im Februar 1922 stolze 14 000 Mark. Im November desselben Jahres muss der Kunde bereits 770 000 Mark dafür über die Theke schieben und wenig später 1 200 Billionen. Das bedeutet, dass das Sparen für ein Motorrad oder sonst eine Anschaffung absolut unmöglich ist. Um in diesen Jahren überhaupt etwas mit dem ausbezahlten Lohn oder Gehalt anfangen zu können, muss das Geld unmittelbar nach der Auszahlung ausgegeben werden. Auch für Dinge, die man gerade nicht braucht, und sei es, um sie in den nächsten Tagen wieder gegen irgendetwas anderes einzutauschen.

Vor diesem Hintergrund ist momentan an den Bau von hubraumstarken Motorrädern nicht zu den-

Technische Daten: Gnom

Motor: Fahrtwindgekühlter Einzylinder-Viertaktmotor, Pleuel und Kurbelwelle rollengelagert
Ventilsteuerung: OHV, Nockenwelle hinter dem Zylinder, quer zur Fahrtrichtung
Hubraum: 62,8 cm^3
Bohrung/Hub: 40 x 50 mm
Verdichtung: 5:1
Leistung: 0,75 PS bei 3 000 U/min
Zündung: Fischer-Magnetzündung
Vergaser: Graetzin
Antrieb: Einfachrollenkette
Gewicht: circa 8 kg
Tankinhalt Kraftstoff: 1,5 Liter
Kraftstoffverbrauch: 0,6 bis 0,7 kg pro 100 km
Höchstgeschwindigkeit: ca. 30 km/h
Preise 1923:
60 Mark (ohne Magnet und Vergaser)
150 Mark komplett inklusive aller Anbauteile

Auf der linken Seite der Hinterradachse befindet sich ein so genannter Aufstieg. Unten: Der Vergaser des Gnom

ken. Doch nicht nur der Rohstoffnachschub bereitet Sorgen. Es fehlt ganz einfach die zahlungsfähige Kundschaft. Und so bleibt der Wunsch des vom Motorsport faszinierten Fritz Kleemann nach dem Bau größerer Maschinen zunächst noch ein Traum.

Die wirtschaftliche Not jener ersten Nachkriegsjahre legt den Gedanken nahe, die Motorisierung mit einem ganz kleinen Motor auf breiter Front zu verwirklichen: Das Millionenheer der Radfahrer mit einem Hilfsmotor „automobil" zu machen. Man muss sich bloß einmal vorstellen, dass im Jahr 1920 im gesamten Deutschland gerade einmal 9 400 Motorräder registriert sind. Die Zahl steigt 1921 auf immerhin 26 700, Mitte 1922 auf 38 000 und über das Jahr auf knapp 60 000. Damit kommt in Deutschland ein Motorrad auf etwa 1 000 Einwohner.

Auch zahlreiche andere Firmen haben sich daher zu Beginn der zwanziger Jahre auf die Herstellung kleiner Einbaumotoren spezialisiert, die sich mit mehr oder weniger großem Aufwand in gewöhnliche Fahrradrahmen einbauen lassen. Das ist dann so etwas wie ein Baukastensystem, komplett mit Kraftstofftank, Riemenfelge, Armaturen und dem erforderlichen Montagezubehör. Zum Teil werden sogar zur

In einem Schuppen auf dem elterlichen Anwesen montiert der gerade 20 Jahre alte Kleemann die in den Columbus-Werken gefertigten Motoren in zugekaufte Fahrräder und verdient sich damit die ersten Sporen als selbstständiger Unternehmer

Der Drehgasgriff musste erst noch erfunden werden. Dieser Hebel diente zum Gasgeben. Unten die Messinglampe, die aus ...

Verbesserung des Fahrwerks Verstärkungen für die Vordergabeln angeboten – klar, mit einem Motor ging es meist doch etwas flotter voran. Und wenn es dann, wie so oft, wieder einmal kein Benzin gab, konnte man immer noch wie bisher mit Muskelkraft fahren.

Fahrradhilfsmotoren entwickeln sich schon bald zu den großen Rennern. Sie sind preiswert, sparsam im Verbrauch und lassen sich mit geringem Aufwand in jedes Fahrrad einbauen. Und Kleemann verspricht seinen Kunden den einfachsten, besten und sparsamsten Motor von allen. Einen vorzüglichen Bergsteiger mit größter Zuverlässigkeit. Dennoch interpretiert der Volksmund den Namen Gnom als Abkürzung für „Geht nicht ohne Mittreten".

Bei dem Viertakter handelt es sich um einen Motor mit OHV-Ventilsteuerung, aus dessen Bohrungs-Hub-Verhältnis von 40 x 50 Millimetern sich ein Hubraum von 62,8 cm^3 ergibt. Bei dem mit einer Baubreite von nur 80 Millimeter sehr schmal gehaltenen Motor ist die Nockenwelle hinter dem Zylinder quer zur Fahrtrichtung angeordnet. Die Leistung wird mit 1 PS bei 3 000 U/min angegeben und liegt somit im Bereich der Mitbewerber. Der Grauguss-Kolben läuft in einem Zylinder aus Stahl, ein kleiner, zum Schutz vor Spritzwasser hinter dem Zylinder angeordneter Zündmagnet von Fischer sorgt für den nötigen Zündfunken. Diese Anordnung des Zündmagneten hat sich Kleemann wie den zur Verbesserung der Motorkühlung angebrachten Windfangtrichter patentrechtlich schützen lassen.

Zunächst für den Einbau vor dem Tretlager der Fahrräder konzipiert, wanderte der Gnom infolge eines Patentrechtsstreits vorübergehend ins Rahmendreieck unter den Sattel. Nach Ausgang des Rechtsstreits, bei dem die Berliner Firma AMI (Auto Motoren Industrie GmbH) unterliegt, darf der Gnom wieder an seinem ursprünglich vorgesehenen Platz montiert werden.

Aber so gut und zuverlässig der Winzling auch arbeitet, seine Herstellung ist im Vergleich zu den immer stärker auf den Markt drängenden Zweitaktmotoren deutlich teurer. Nicht etwa, weil die Verdienstspanne zu hoch kalkuliert wurde, sondern vielmehr deshalb, weil sich die Zweitaktmotoren durch ihren konstruktiven Aufbau sehr viel kostengünstiger herstellen lassen. Nockenwelle, Ventile, Federn, Stößelstangen, Kipphebel – all das benötigen die Zweitaktmotoren nicht. Hinzu kommt, dass die Hersteller von Zweitaktmaschinen immer wieder mit ihren pflegeleichten Konstruktionen werben. Es ist weder ein turnusmäßiges Einstellen des Ventilspiels erforderlich, noch braucht an den gemischgeschmierten Zweitaktern regelmäßig das Motorenöl gewechselt werden. Tanken und fahren – fertig!

Nach einer Produktionszeit von nur wenigen Jahren ist der Gnom, wie zahlreiche andere seiner Artgenossen, im Hinblick auf die Fertigungskosten nicht mehr konkurrenzfähig. Seine Produktion wird daher im Jahr 1924 wieder eingestellt. Die Fertigung von kompletten Motorfahrrädern wird dabei nicht etwa auf ein preiswerteres Zweitakt-Aggregat umgestellt, sondern zugunsten hubraumstärkerer Motorräder ganz aufgegeben.

Ähnlich ergeht es den ebenfalls mit Viertaktmotoren ausgestatteten Motorfahrrädern und Kleinkrafträdern der nur 50 Kilometer entfernten Rüsselsheimer Opel-Werke, bei denen Fritz Kleemann wenige Jahre zuvor eine Ausbildung als Kaufmann absolviert hatte. Auch bei Opel wird 1925 die Fertigung der kleinen Viertakter zugunsten hubraumstärkerer Modelle gestrichen.

... einer Batterie in diesem Schaltkasten gespeist wird

Der zum Tanken erforderliche Trichter ist unterhalb der Satteldecke untergebracht

Die Brennstoff- und Schmierölversorgung erfolgt durch einen mitgelieferten Tank

ILO = gutes Werkzeug

Portrait des Zweiradmotoren-Herstellers

von Klaus-Uwe Hölscher

Ein Kapitel Fahrzeuggeschichte besteht darin, dass zahlreiche Hersteller von Krafträdern keine eigenen Motoren bauten, sondern als Konfektionäre auf Fremdfabrikate zurückgriffen. Daher ist es naheliegend, ein Kurzporträt der ehemaligen Firma ILO nachzuzeichnen, die neben Fichtel & Sachs zu den renommierten deutschen Motorenherstellern gehört. Der Produktname ILO hat nichts mit dem Firmengründer zu tun, sondern kommt aus der Welthilfssprache Esperanto, die 1887 von dem Warschauer Augenarzt L. Zamenhof geschaffen wurde, und heißt so viel wie „gutes Werkzeug".

Im Jahr 1911 übernahm Heinrich Christiansen in Altona bei Hamburg eine in Konkurs geratene Werkzeugmaschinenfabrik. Hauptsächlich wurden Geräte für den Gleisbau und Rüstungsgüter hergestellt. Wegen Platzmangels zog der Betrieb 1913 nach Pinneberg um und erhielt dort hauptsächlich Aufträge der Heeresverwaltung. Für die Gleisbaumaschinen wurde 1917 ein Zweitakt-Benzolmotor entwickelt. Damit begann die erfolgreiche Produktion des ILO-Zweitakters, der in alle möglichen Motorgeräte eingebaut wurde und dem die Firma ihre allgemeine Bekanntheit verdankte.

Motoren für Dreirad-Lieferwagen

Nach dem ersten Weltkrieg begann man mit 36 Beschäftigten neu. Heinrich Christiansen verkaufte das Patent für Gleisstopfmaschinen an die Firma Krupp in Essen und legte den Schwerpunkt auf den Motorenbau. Außer stationären Motoren vor allem für Pumpen und landwirtschaftliche Geräte wie Mäher,

ILO-Motorensammlung im Stadtmuseum Pinneberg mit dem Porträt des Firmengründers Heinrich Christiansen

Fabrikgelände und Werkshallen der ehmaligen Firma ILO in Pinneberg, die heute vermietet sind. Nur der Schornstein auf dem Gelände der ehemaligen Fabrik in Pinneberg weist noch heute auf ILO hin

Fräsen und Hacken wurden auch Zweiradmotoren gebaut. Erfolgreich war in den 1930er Jahren die Zusammenarbeit mit den Firmen Vidal & Sohn in Hamburg und Borgward in Bremen. Für deren Dreirad-Lieferwagen „Tempo“ und „Goliath“ lieferte ILO Zweitaktmotoren. Zunehmend wuchs jedoch die Konkurrenz mit den bekannten Motorenherstellern DKW, NSU und Sachs.

Während des Zweiten Weltkriegs wurde das Werk in Pinneberg zum Rüstungsbetrieb erklärt und Heinrich Christiansen zum Wehrwirtschaftsführer ernannt. Trotz der Nähe zu Hamburg, worauf sich offensichtlich die schweren Luftangriffe der Alliierten konzentrierten, blieben die Werksanlagen in Pinneberg von Bomben verschont, so dass das Werk nach 1945 voll einsatzbereit war. Außerdem gab es kaum Demontagen durch die britische Besatzungsmacht.

Durch den Run auf Motorräder ab 1948 erlebte ILO einen wahren Auftragsboom. Viele Motorradhersteller wie zum Beispiel Dürrkopp, Göricke, Hercules, Maico, Rabeneick, Rixe und Tornax (alle existieren heute nicht mehr!) verwendeten ILO-Motoren. 1950 wurde in München ein Zweigwerk eingerichtet und 1955 arbeiteten 1 500 Beschäftigte in beiden Werken. Damit war ILO größter Hersteller von Zweiradmotoren in der Bundesrepublik.

Goliath-Dreirad F 400, Baujahr 1937 mit 12,5 PS ILO-Motor

Mit dem Trend zum Pkw Ende der 1950er Jahre, als das Auto Liebling der Deutschen wurde, endete für ILO die erfolgreiche Zeit im Bau von Motorrad- und Rollermotoren. Aufgrund finanzieller Probleme erfolgte deshalb 1957 der Verkauf der ILO-Werke an den Rockwell-Konzern in den USA.

Von Rockwell zu Tecumseh

Durch die Entwicklung und den Bau von Schneeschlitten-Motoren für den nordamerikanischen und skandinavischen Markt, erlebte ILO-Rockwell einen neuen Aufschwung, der jedoch 1971 durch die Konkurrenz aus Japan deutlich zurückging. 1977 wurde ILO-Rockwell an die amerikanische Tecumseh Products Company verkauft, die bei uns wie die Firma Briggs & Stratton vor allem durch Rasenmäher-Motoren bekannt geworden ist. Im Jahr 1986 konnte zwar noch das 75-jährige Betriebsjubiläum bei ILO gefeiert werden, aber Mitte 1990 beschloss Tecumseh die Schließung des Werkes in Pinneberg, die am 31. Dezember 1990 erfolgte.

Was erinnert heute noch an die frühere Firma ILO-Rockwell? Begeben wir uns deshalb auf Spurensuche. Unmittelbar gegenüber dem Bahnhof Pinneberg liegt an der Mühlenau das Werksgelände des ehemaligen Motorenherstellers. Die großen, meist in Klinkerbauweise errichteten Hallen und Gebäude sind teilweise an Gewerbebetriebe und Institute für berufliche Fortbildung vermietet. Vergeblich sucht man heute, gut 17 Jahre nach der Stilllegung von ILO, auf Hinweise. Das Eingangsgebäude mit den schlichten weißen Pfeilern im Bauhaus-Stil steht unter Denkmalschutz, aber die beidseitigen erhabenen ILO-Buchstaben sind nicht mehr vorhanden. Am Schornstein des ehemaligen Kraftwerks beziehungsweise Kesselhauses sind die drei Buchstaben noch zu erkennen. Das „I" jedoch ist vom Zahn der Zeit stark mitgenommen.

ILO-Motorensammlung in Pinneberg

Umso verdienstvoller ist es, dass im Stadtmuseum Pinneberg eine umfangreiche ILO Motorensammlung mit circa 80 Exponaten gezeigt und so die Erinnerung an die traditionsreiche Firma wach gehalten wird. Außer zahlreichen ILO-Motoren und Schnittmodellen für Mopeds, Motorräder, landwirtschaftliche Geräte und Feuerwehrpumpen hält die Sammlung einige Überraschungen bereit: ILO baute

Nur beim Öffnen der Sitzbank zu entdecken: ILO-Twin-Motor im Goliath-Dreirad F 400

Werbung für den ILO-Einrad-Wagenschieber: „rangiert bequem bis 140 Tonnen Gesamtgewicht"

In Pinneberg erhalten: Original ILO-Einrad-Wagenschieber

ILO-Motor Typ TS 50 V

ab 1931 für die Eisenbahn so genannte Waggonschieber. Deren Motorkraft reichte aus, um einen Güterwagen ohne Lokomotive zu rangieren. Dazu heißt es in einer Werbeschrift: „ILO-Einradwagenschieber spart Menschenkraft; 10-12 Arbeiter; rangiert bequem bis 140 Tonnen Gesamtgewicht." Ab 1958 wurde ein ILO-Dreizylinder-Außenbordmotor mit 50 PS für die Bundeswehr zum Antrieb von Schlauch- und Sturmbooten konstruiert. Die Ausstellung im Stadtmuseum zeigt außerdem mehrere ILO-Rockwell-Schneeschlitten-Motoren, die der Firma Ende der sechziger Jahre einen gewissen Aufschwung brachten.

ILO lieferte über sechs Jahrzehnte ihre Zweitaktmotoren an Hersteller von Zweirädern in Deutschland und einigen Nachbarländern. Zahlreiche Betriebe, die keine eigenen Motoren für Fahrräder mit Hilfsmotor, Mopeds, Motorräder und Roller bauten, waren Kunden bei der Pinneberger Firma. Daher kann es in diesem Bericht nur möglich sein, an ausgewählten Beispielen aufzuzeigen, wo ILO-Motoren zum Antrieb benutzt wurden. Fachbücher sowie Fahrzeug- und Motorradmuseen bieten einen Zugang zu diesem interessanten Thema.

Während die großen Motorradfirmen wie zum Beispiel BMW, DKW, Horex, NSU, Victoria und Zündapp eigene Motoren bauten, war die Mehrzahl der Hersteller als Konfektionäre auf Fremdmotoren angewiesen, da eigene Entwicklungen zu aufwändig und kostspielig waren. Hier bot sich ILO mit einer breiten Motorenpalette an, die den Bereich von 98 bis 246 cm^3 Hubraum abdeckte. Auf ILO-Motoren, die für Fahrräder mit Hilfsmotoren und Mopeds zur Verfügung standen, soll hier nicht eingegangen werden.

Anker, Dürrkopp, Göricke

Beginnen wir mit Bielefeld, das gleich mehrere Hersteller von Zweirädern aufzuweisen hatte: Die Anker-Werke wurde 1893 gegründet und produzierten bis in die dreißiger Jahre ausschließlich Fahrräder. Mit dem Bau von Motorrädern startete man 1949. Brigitte Podszun weist in ihrem Buch „Die Motorräder der Wirtschaftswunderzeit", Podszun-Verlag Brilon 2006, zwei Anker-Motorräder mit ILO-Motoren nach: die Anker 125 mit 5,5 PS und die Anker AI 200 mit 11 PS, beide hergestellt von 1951 bis 1953.

Die vor allem als Hersteller von Nähmaschinen bekannt gewordene Firma Dürrkopp in Bielefeld baute in die meisten ihrer Motorräder eigene Motoren ein, verwendete aber auch kurzzeitig Fremdfabrikate wie Fichtel & Sachs und Ardie. In der Dürrkopp M 125 finden wir den ILO-Zweitakter mit 123 cm^3 und 5,2 PS. Frank Rönicke, Deutsche Motorräder 1945-1960, Motorbuch-Verlag Stuttgart 2005, gibt außerdem die Dürrkopp-Modelle M 100 und MKL 100 an, die mit ILO-Zweitaktern mit 98 cm^3 Hubraum und 2,8 PS ausgerüstet sind.

Alle guten Dinge sind drei: auch die Göricke-Werke waren in Bielefeld ansässig, begannen ebenfalls mit dem Fahrradbau und stellten bis Ende der 1950er

Buschkamp-Motorrad mit ILO-Motor FM 120: 118 cm^3, 3,3 PS: Ein seltenes Exponat in der Ausstellung des Herforder Motorveteranenclubs

Motorensammlung in Pinneberg: Rechts der ILO-Twin M 2 x 125 Hubraum 244 cm³, 15,1 PS

Jahre Motorräder her. ILO-Motoren finden sich in den Typen Gö 125, 175 und 200 S. Bei Rönicke wird zusätzlich die Gö 250 mit ILO-Motoren aufgeführt. Die anderen Göricke-Modelle haben Fichtel & Sachs-Motoren. Bei den Motorrädern der Express-Werke in Neumarkt/Oberpfalz findet sich ebenfalls ein Mix von Fichtel & Sachs und ILO-Motoren. Die Modelle Radex 125, 175, 201, 251 und 255 sind mit ILO-Motoren ausgestattet. Die Palette reicht von 123 bis 246 cm³. Rönicke fügt noch die Modelle 200, 202, 252 und 253 hinzu.

Ehe wir dem Thema nachgehen, welche weiteren Konfektionäre ILO-Motoren verwendeten, ein kurzer Blick auf die aktuelle Situation im Zweiradmarkt. Waren in der Wirtschaftswunderzeit noch zahlreiche Firmen aktiv, stellt sich die nahe liegende Frage, welche Fabrikate aus deutscher Produktion heute noch „übrig geblieben" sind. So produziert BMW in München Motorräder von 650 bis 1 200 cm³ Hubraum und die traditionsreiche sächsische Firma und bekannte DDR-Marke MZ (Motorradwerk Zschopau) existiert auch noch. Sie hat die Wende überlebt und befindet sich mittlerweile in malaysischem Besitz.

Hercules, Maico

Die 1886 von Carl Marschütz in Nürnberg gegründeten Hercules-Werke entwickelten sich zum größten deutschen Zweiradherstellter. Im Zweiten Weltkrieg wurden die Werksanlagen zerstört und es begann ein Neuaufbau. Ab 1950 standen wieder serienreife Hercules-Motorräder zur Verfügung. Nach der Übernahme der Firma durch Fichtel & Sachs im Jahre 1963 wurde die Gesamtproduktion der Zweirad-Union mit den Marken Victoria, Expreß und DKW in Nürnberg konzentriert.

Heute bestehen die Sachs-Werke als eigenständiger Betrieb und stellen Fahrräder mit Hilfsmotor her. Das frühere Modell „Saxonette" ist durch die „Saxylight" abgelöst. Doch zurück zu den ILO-Motoren: in den Jahren von 1950 bis 1956 waren folgende Hercules-Motorräder mit ILO-Motoren bestückt: Typ 312;

123 cm^3, 5,2 PS; 314: 174 cm^3, 7,65 PS; 315: 247 cm^3, 11,4 PS; 317: 197 cm^3, 11,0 PS; 321: 197 cm^3, 11,0 PS; 322: 250 cm^3, 15,1 PS.

Bis 1983 bestand die Firma Maico in Pfäffingen (LK Tübingen), die auch Motorräder für die Kradmelder der Bundeswehr lieferte. Die Gebrüder Maisch begannen 1926 mit dem Motorradbau und bauten ILO-Motoren ein. Ab 1948 wurden mit der ersten serienreifen Nachkriegsmaschine M 125 nur noch eigene Maico-Motoren verwendet.

Dürrkopp-Motorrad mit ILO-Motor MKL 100, Baujahr 1949

Rabeneick, Rixe

Die 1933 in Brackwede bei Bielefeld gegründete Firma Rabeneick beginnt mit der Herstellung von Fahrrädern und 1950 werden die ersten Motorräder mit Fichtel & Sachs und ILO-Motoren gebaut. Die Modelle KM 100, SM 125, SM 175, LI 200, F 250/1 und F 250/2 sind mit ILO ausgerüstet. Die Palette reicht von 98 bis 247 cm^3 Hubraum.

Auch der Motorradhersteller Rixe war wie die Firmen, Anker, Dürrkopp und Göricke in der Zweirad-Hochburg Bielefeld ansässig. Auch hier halten sich in den 1950er Jahren Fichtel & Sachs und ILO-Motoren die Waage. Die Modelle KP 100, KT 12, KP 125; KT 250, KT 250/2, R 200, R 200, R 250/1 und R 250/2 besitzen ILO-Motoren.

Tornax und Torpedo

Den Abschluss unserer Auflistung von ILO-Zweitakt-Motoren in deutschen Motorrädern bilden die Firmen Tornax und Torpedo. Tornax wurde 1926 von Ernst Wewer in Wuppertal gegründet und bestand bis 1955. In die Tornax- Modelle K 125 bis V 250 wurden durchweg ILO-Motoren eingebaut. Die Torpedo-Werke AG waren seit 1896 in Frankfurt/Main ansässig. Das Angebot reichte vom Motorfahrrad 63 wahlweise mit Sachs- oder ILO-Motor mit 98 cm^3 bis zum Modell 200 J mit ILO-Zweitaktmotor mit 197 cm^3.

Außer privaten Sammlern und Liebhabern gibt es zahlreiche Museen, die historische Motorräder zeigen. Axel M. Gressner listete in seinem Oldtimer-Museumsführer, Schrader Verlag, Stuttgart 2003, alleine für die Bundesrepublik über 40 Museen auf, die sich schwerpunktmäßig mit Motorrädern befassen. So dürfte jeder Liebhaber historischer Motorräder reichlich Gelegenheit haben, auch der Firma ILO zu begegnen, die für Dutzende von Motorrad-Konfektionären die Triebwerke liefert.

Göricke-Motorrad mit ILO-Twin-Motor M 2 x 125, Baujahr 1953

Anhand von 10 ausgewählten Firmen wurde der Einbau von ILO-Motoren in Motorräder behandelt. Es sind aber noch 20 weitere Hersteller nachzuweisen, die ILO-Motoren verwendeten:

AWD – Düsseldorf
Bastert – Bielefeld
Bauer – Klein Auheim
Bismarck – Bergerhof/Radevormwald
Bücker – Oberursel
Geier – Lengerich
Hecker – Nürnberg
Heidemann/ HWE – Bielefeld
Hoffmann – Lintorf
Mars – Nürnberg – Doos
Meister – Bielefeld
Panther – Braunschweig
Patria – Solingen
Phoenix – Wenholthausen
Reh – Hamburg – Fuhlsbüttel
Schürhoff – Gevelsberg
Sitta – Sittensen
Stellbrink – Bielefeld
Sudbrack – Bielefeld / Bad Salzuflen
UT – Stuttgart – Untertürkheim

ILO Twin IG

Die Besitzer historischer Motorräder pflegen natürlich Kontakte untereinander. So gibt es zu etlichen Motorradmarken Clubs und Interessengemeinschaften, um Treffen zu veranstalten und Erfahrungen auszutauschen. Auch zur Beschaffung von Ersatzteilen sind solche Verbindungen wichtig und hilfreich. Da ILO jedoch „nur" Motoren herstellte, war die Frage, ob sich auch bei diesem Fabrikat eine „Fan-Gruppe" gebildet hat und aktiv ist. Eine Anfrage bei der Zeitschrift „Oldtimer-Markt" ergab hier Aufschluss: Seit 1976 gibt es die Interessengemeinschaft ILO-Twin. Sie umfasst mehr als 150 Mitglieder überwiegend aus der Bundesrepublik, einige aus den Niederlanden, Österreich, der Schweiz und Schweden.

Die ILO Twin IG ist ein zwangloser Zusammenschluss von Besitzern der Motorräder mit dem ILO-Twin-Motor 250 cm³: Typ M 2 x 125. Am häufigsten sind die Motorräder Express Radex 255, Hercules 318 und 322, Rabeneick F 2 und Tornax S 250 vertreten. Die IG berät ihre Mitglieder bei der Erhaltung und Restauration, versorgt sie mit Maschinenmaterial und sichert die Ersatzteilversorgung durch Ankauf, Anfertigung oder Bezugsquellennachweise. Im Frühjahr

Rixe-Senator mit ILO-Twin bei der Instandsetzung und Restaurierung

Tornax mit ILO-Motor M 200 T: 197 ccm, 11 PS, Baujahr 1956

Blick in die Sammlung des Motorveteranen-Sport-Clubs Herford: ein Neubau soll mehr Platz für die Exponate schaffen

ILO-Motor FP 50 mit 48 cm³ und 1,4 PS aus dem ILO-Werk Süd in München

und Herbst finden jedes Jahr ILO-Treffen statt, verbunden mit einer Zielfahrt der Motorräder. Hierbei werden dann Erfahrungen bei der Restaurierung und im Fahrbetrieb ausgetauscht, Ersatzteile gehandelt und die Kameradschaft gepflegt. Dreimal pro Jahr erscheint eine recht originell aufgemachte Club-Zeitschrift.

Interessengemeinschaft ILO-Twin, Ulrich Mittmann, Ziegeleiweg 26, 31832 Springe, Telefon 05041-81121

Zweirad – Liebhaber in Herford

Mehrere historische Motorräder mit ILO-Motoren zeigt der „Motorveteranen-Sport-Club-Herford“ in seiner Ausstellung im Vereinsheim im Sportpark Waldfrieden in Herford. Die engagierten Oldtimerfreunde des Vereins, der 1997 gegründet wurde, erhalten, restaurieren und pflegen vor allem Zweiräder. Ihre Sammlung umfasst über 100 Motorräder und Fahrräder hauptsächlich aus den fünfziger und sechziger Jahren. Einen Schwerpunkt bilden die Bielefelder Firmen Dürrkopp, Göricke, Meister, Miele, Rabeneick und Rixe, aber auch andere namhafte Motorrad-Klassiker sind zahlreich vertreten.

Folgende ILO-Exponate sind beim Herforder Motorveteranen Sportclub zu besichtigen: das älteste Stück dürfte das Buschkamp-Motorrad sein: ausgerüstet mit ILO-Motor FM 120, 118 cm^3, 3,3 PS. Ein Adler- Fahrrad mit Hilfsmotor stammt von 1947. Sein ILO-Motor FM 38 treibt über eine Reibrolle das Hinterrad an. Das Dürrkopp-Motorrad mit ILO-Motor MKL 100 wurde 1949 gebaut. Mit ILO-Twin-Motoren 2 x 125 cm^3 ausgestattet sind in Herford vertreten: ein Göricke- und ein Rabeneick-Motorrad von 1953 sowie zwei Rixe-Senator von 1954. Außerdem sind ILO-Stationärmotoren vorhanden, unter anderem der Typ FP 50 vom ILO-Südwerk in München mit 48 cm^3 und 1,4 PS.

An jedem ersten Sonntag im Monat treffen sich die Zweirad-Freunde in Herford. Natürlich fahren einige Mitglieder und Besucher mit ihren Oldtimer-Motorrädern vor und starten zu einer Rundfahrt. Dabei begegnete dem Verfasser ein weiterer „Leckerbissen“: ein Motorrad-Liebhaber aus dem Landkreis Soest/NRW war mit seiner gepflegten Tornax angereist, ausgerüstet mit dem ILO-Motor M 200 T, 11 PS, Baujahr 1956. Auf jeden Fall ist also ein Ausflug nach Herford zum Sportpark Waldfrieden zu empfehlen.

Motorradmuseum in Wickensen

Eine weitere Tornax mit ILO M 200 T, Baujahr 1953 entdeckte ich in Wickensen bei Eschershausen (LK Holzminden/NS). In einem landwirtschaftlichen Gebäude der ehemaligen Domäne wurde ein Restaurant mit Cafe eingerichtet. Besonders interessant für Zweirad-Freunde ist das Motorrad & Nostalgie-Museum, das am 1. Mai 2004 eröffnet wurde. Inzwischen beherbergt es eine umfangreiche Sammlung historischer Motorräder, Motorroller und Mopeds. Ein besonderer Schwerpunkt liegt auf der Marke NSU mit echten Raritäten. Immerhin ist aber auch einmal die besagte Tornax mit ILO-Motor in Wickensen vertreten.

Bücker Ilona II mit ILO-Zweitaktmotor 246 cm^3, 15,1 PS Baujahr 1953

Japanische Zweirad-Impressionen

von Thomas Reinwald

Wo liegt eigentlich das Motorradparadies? In Japan natürlich, wo denn sonst! In dem Land, wo die meisten Motorräder montiert werden, wo die größten Firmen ansässig sind und wo die Fortbewegung schlechthin das Wichtigste im Alltag ist. So denkt wohl jeder, der noch niemals im Land der aufgehenden Sonne war, doch dieses Klischee trifft nicht ganz zu. Grund dafür ist, dass das Motorrad im alltäglichen Gebrauch einen ganz anderen Stellenwert hat, als in Europa. Auf der langgestreckten asiatischen Insel im Pazifik wird das motorisierte Zweirad zum allergrößten Teil für die Arbeit verwendet und nicht zum Freizeitausgleich.

Stürzt man sich in das unaufhörliche Getümmel einer der nimmermüden Megastädte fällt zuerst einmal auf, dass dem Motorrad auf dem Inselgeflecht die Aufgabe als Transportmittel zukommt. Hier ein Zweirad mit riesiger Ladebox auf dem Gepäckträger, dort ein Moped mit Korb vor dem Lenkkopf, es vergeht keine Minute, in der nicht irgendein motorisiertes Zweirad an einem vorbei fährt. Der Transport aller erdenklichen Güter des Alltags wird gerne mit dem Motorrad erledigt, denn kein anderes Transportmittel kann sich so schnell durch die oft staureichen Straßen der japanischen Millionenstädte schlängeln. Der Termindruck ist in Kyoto, Tokyo, Nagoya und so weiter noch wesentlich höher, als wie wir ihn hierzulande kennen. Dazu kommt, dass stets allerhöchste Pünktlichkeit vollkommen selbstverständlich ist, Verspätung akzeptiert das japanische Gesellschaftssystem nicht.

Um sich gegen widrige Wetterverhältnisse zu schützen, haben viele Zweiräder Beinschilder serienmäßig beziehungsweise werden gerne nachträglich montiert. Japan ist damit wohl das einzige Land, das einerseits die modernsten Motorräder hervorbringt, aber andererseits auch gleichzeitig an den aus den 60er Jahren stammenden antiquierten Beinschildern festhält.

Filtert man aus den unzähligen Bikes diejenigen heraus, die Ware transportieren, dann bleibt nur noch eine Minderheit übrig, bei denen das Motorrad die Funktion als reines Fortbewegungsmittel erfüllt, sei es zur Arbeitsstätte oder zur Uni. Die Anzahl derjenigen, die zum Flanieren auf den vielbelebten Straßen fahren, wird naturgemäß zum Abend hin mehr, denn auch in Japan gilt: Man zeigt gerne, was man fährt. Imponiergehabe durch offene, brüllende Auspuffrohre im Wettbewerb zwischen tiefgrollenden Harleys, Ducati-Sound oder auch den dumpfen Viertakthämmern der vielgeliebten Einzylinder, das alles vermischt sich bei den kurzen Sprints auf den Strecken vor den Einkaufsmeilen, deren Geschäfte nur für wenige Stunden ihre Türen zusperren. Die kleinste Gruppe der japanischen Biker stellen dann diejenigen dar, die ihr Motorrad für das verwenden, wofür wir auch in Europa zum Motorradfahrer geworden sind: Als Freizeit- und Sportgerät.

Soweit zu den drei Gruppen, in die man die dortige Szene ganz grob einteilen kann. Unzweifelhaft an erster Stelle der Beliebtheit bei japanischen Bikern

Suzuki Birdie in Diensten der Polizei von Takayama

steht ein Gefährt, das es hierzulande nicht gibt und dennoch zum bislang meistgebauten Kraftfahrzeug, also inklusive der Autofertigung, weltweit aufgestiegen ist: die Honda Super-Cub. Seit Mitte der fünfziger Jahre wird diese kleine Honda nun mittlerweile, natürlich mit Modifikationen, ununterbrochen gebaut und ein Ende der Produktion ist nicht in Sicht. Das konservative Zweirad mit dem mofaähnlichen freien Durchstieg und den Kunststoffbeinschildern besticht nicht durch technische Innovationen, sondern alleine durch seine Robustheit. Die Super-Cub wird derzeit sowohl mit 50 cm^3 als auch mit 90 cm^3 Motor verkauft. Der Viertaktmotor ist identisch mit demjenigen, der in Deutschland als Antriebsaggregat der Honda-Monkey Modelle bekannt geworden ist. Ein Ableger der Super-Cub wird als Little-Cub 14 verkauft, was heißt, dass in das nahezu identische Fahrwerk der Super-Cub lediglich 14 Zoll große Räder eingebaut sind, wodurch sich ein etwas agileres Fahrverhalten ergibt, als mit den 17 Zoll großen Laufrädern der Schwester. Größter Abnehmer der Little-Cub ist ohne Zweifel die staatliche japanische Post, denn nahezu alle Briefträger befördern ihre Post auf solchen Hondas. Die unzähligen, rot lackierten Zweiräder haben dazu eine sehr große Box auf dem Heck und sind im ganzen Land vom frühen Morgen bis spät am Abend im unermüdlichen Einsatz. Außerhalb des staatlichen Dienstes hat sich die Little-Cub nicht gegen die Urversion durchsetzten können. Dass die Konkurrenz gegen die Beliebtheit der Super-Cub nahezu machtlos ist, zeigen die Versuche von Suzuki

Man hat in gewissen Kreisen Stil und vor allem auch Geld: Gelb lackierte Harley mit passendem Helm. Die hochwertige Handtasche baumelt passend zur gehobenen Motorradklasse

Die Honda APE 100 ist ein kleines und durchaus beliebtes Stadtfahrzeug

und Yamaha. Die Yamaha-Konkurrenz heißt seit Jahren Town-Mate und das Suzuki-Pendant wird unter der Namensgebung Birdie verkauft. Beide haben, wie die Honda auch, einen leise surrenden Viertaktmotor eingebaut. Seit knapp 25 Jahren versuchen die beiden Konkurrenten nun schon, in dieser Sparte Honda Marktanteile abzunehmen, aber es scheint wohl wirklich kein Rezept gegen die Super-Cub zu geben.

Trotz des landesweit enormen Verkaufserfolg der Honda, gibt es Stadtteile, in denen es regional starke Händler geschafft haben, dass sich vermehrt Town-Mate oder Birdies im Straßenverkehr tummeln. Das führt soweit, dass die Polizei, wie zum Beispiel in der Kleinstadt Takayama, dort auch auf Birdies setzt, während im ganzen Land sonst die Super-Cub das Bild der schwarz-weiß lackierten Polizeiversionen prägt. Zu dem Begriff des Motorradhändlers muss man aber Abstriche in unserer europäischen Deutung machen, denn im Land der aufgehenden Sonne gibt es zweierlei Auslegungen dafür. Zum Einen ist da der kleine, lediglich ein- oder zwei Mann große Zweiradhändler, der das motorisierte Zweiradgeschäft nur mit den Fahrzeugen bis 50 cm³ führt und ansonsten sich hauptsächlich der Reparatur von Fahrrädern und anderen kleinmotorisierten Teilen, so auch Rasenmähern, widmet. Die andere Sparte ist der Motorradhändler, wie wir ihn auch hierzulande kennen, mit dem kompletten Angebot eines oder mehrerer Anbieter. Während BMW und Kawasaki keine Mischung mit anderen Marken dulden, stehen meistens die Maschinen von Honda, Yamaha und Suzuki einträchtig in einem gemeinsamen Verkaufsraum nebeneinander.

Die Hersteller kämpfen mittlerweile gemeinsam in einer Front gegen die Billigkonkurrenten aus den Nachbarländern Taiwan und Südkorea. Die dortigen Anbieter haben sich nämlich auch schon etabliert und erobern vor allem auf dem Rollersektor die Herzen der Käufer immer mehr. Ein Markt, der ohnehin einen immer größer werdenden Zuspruch bekommt.

Bei den Zweirädern ist es typisch, dass die Bikes sehr oft so lange gefahren werden, bis es einfach nicht mehr geht. So kann man beispielsweise Gefährte sehen, aus deren Sitz der blanke Schaumstoff großflächig herausquillt, wo die Motorenteile stark vom Zahn der Zeit gezeichnet sind und auch so manches Bike hat im Lauf seiner vielen tausend Kilometer das ein oder andere Teil verloren. Das trifft natürlich nicht für alle Motorräder zu und schon gar nicht für die Vertreter aus München. Denn die Motorräder mit dem BMW-Logo am Tank werden in Japan fast schon göttlich verehrt, hier ist die Bezeichnung Statussymbol treffend. BMW – diese drei Buchstaben lösen bei japanischen Bikern Ehrfurcht und bei den Händlern die höchste Stufe der Begehrlichkeit aus. Die Ein- und Zweizylinder aus Bayern sind allerdings nur für diejenigen Biker interessant, die sich vollkommen dem Freizeitsport verschrieben haben. Allerdings ist das, wie gesagt, der kleinste Teil der zweiradfahrenden Bevölkerung. Doch da kommt dann eine der zahlreichen typischen japanischen Angewohnheiten zum Tragen: Wenn man etwas macht, dann macht man es auch mit voller Hingabe und kompromisslos bis ins kleinste Detail. Auf den Motorradfahrer übertragen

Motorradfahren als Freizeitsport ist sehr selten und wenn, dann sieht man diese Racer überwiegend in den Ausflugsgebieten

Hondas VFR 800 in Diensten der Polizei – mit all den Kästchen, Packtaschen und Lichtern

heißt dies, es wird der zum Bike passende Lederkombi, der dazugehörige Helm gekauft und das Zubehör nur vom Hersteller angebaut. Doch außerhalb dieser einhundertprozentigen Identifikation mit einer Marke ist das Thema Sicherheitskleidung eher unbekannt, Jeans, T-Shirt und leichte Stoffjacke sind die bevorzugte Motorradfahrerkluft. Das trifft vor allem für diejenigen zu, die ihre Waren mit dem Zweirad transportieren, aber auch für die unzähligen Stadtfahrer. Selbst die Funktion des Helms wird lediglich durch eine halbschalenähnliche Bauarbeiterkopfbedeckung erfüllt, deren Kinnriemen oftmals lose herunterbaumelt. Es zeigt sich damit, dass viele Biker noch immer nicht mit den Sinn der Helmpflicht erkannt haben, die in Japan seit Mitte der achtziger Jahre des letzten Jahrhunderts Gesetz ist.

Dabei gilt das Fahren mit dem Zweirad in den großen Städten als durchaus gefährlich, denn allgemein ist es Usus, sich zwischen den stehenden oder langsam fahrenden Autos bis an die Haltelinie der vielen Ampeln durchzuschlängeln und mit dem Umschalten auf Grün mit einem Blitzstart davon zu preschen. Die langsameren Motorräder werden dann regelmäßig an den Seitenrand der Straße gedrängt und trotz dieser Gefahrenmomente sieht man es verhältnismäßig selten, dass ein Zweirad in einen Unfall verwickelt ist. Mit Einbruch der Dunkelheit und vor allem an den Wochenenden wird dann das Straßenbild von einer Vielzahl von modischen Großrollern geprägt, die sich zu Hauf vor den Pachinko-Spielhöllen treffen und die Fahrer sich der Sucht der kleinen Kugeln hingeben. Um die Rollergunst dieser jugendlichen Szene buhlen momentan die drei Hersteller Honda, Suzuki und Yamaha mit ihren 125- und 250ern, auf denen man eher längs liegt, denn sitzend fährt.

Eine Tuningszene für Suzukis Sky-Wave, hierzulande als Burgmann bekannt, Hondas Forza und den Yamahas Majesty hat sich mittlerweile ebenfalls etabliert. Dagegen scheint die Nachfrage nach den mit langer Hinterradschwinge ausgerüsteten kleinen Einzylindern etwas zu verblassen, denn auf den Straßen der Metropolen sind sie mittlerweile genauso selten anzutreffen wie die legendären Bikes mit den kleinen Reifen vom Schlage einer Honda Monkey oder Gorilla. Allerdings kann man diese kleinen „Affen“ auch heutzutage, im Gegensatz zu Deutschland, noch ganz regulär beim Honda-Händler kaufen.

Honda bietet neben der knuffigen „Affenfamilie“ noch zahlreiche 50er an, die es niemals hierzulande gab beziehungsweise auch nicht geben wird. Die unter der Bezeichnung APE verkaufte 100er sei hier stellvertretend erwähnt. Sie ist ein typischer

Kleiner typischer Händler, der sich den Motorfahrzeugen bis 50 cm³ und auch Fahrrädern widmed

Stadtflitzer mit aufrecht stehendem Viertakter und kleinen Rädern, in Deutschland wurde er seinerzeit mit der CY 80 verkauft.

Etwas überrascht mag der Europäer sein wenn er sieht, welche Modellpalette Honda in seiner Heimat anbietet. Es finden sich nämlich wesentlich mehr Motorräder mit bis zu 400 cm^3 im Angebot, als mit größeren Hubräumen. Doch die big-bikes sind europäischen Augen dagegen nicht unbekannt: VFR 800, CB 750, die stark an die einstige Bol d`or-Reihe erinnert und das größte Modell, die CB 1300. Neben den bekannten Modellen wie Shadow, den CBR-Rennern, der Hornet und den zahlreichen Kleinrollern findet der Käufer auch den bei uns unbekannten Roller PS 250, der durch sein extravagantes Aussehen auffällt. Hier dominiert der Rahmen das rollerähnliche Fahrzeug, man denkt sofort an eine vergrößerte Version des Kleinrollers Zoomer, der auf heimischer Erde unerhört beliebt ist, während er hierzulande zum Ladenhüter avancierte. Eine weitere, wenn auch abnehmende, Erfolgsstory stellt die Serie der FTR-Modelle dar, die mit den etwas längeren Hinterradschwingen und den optischen Remakens stark an einstige amerikanische Dirt-Tracker erinnern.

Eine ganz spezielle Modellreihe hat der weltweit größte Hersteller dann schließlich noch mit den Canopy- und Giromodellen im Angebot. Dies sind dreirädrige Kleintransporter, die sich einer enorm hohen Gunst bei Kaufleuten erfreuen. Seit Jahren schon werden diese 50er verkauft, bei denen zwei kleine Hinterräder samt Antriebseinheit durch ein Gelenk mit dem Chassis verbunden sind. Durch diese flexible Verbindung bleibt dem Fahrer die Schräglage in der Kurve erhalten. Beim Gyro-UP bleibt dabei sogar das bis zu 30 Kilogramm tragende Heck waagerecht, so dass die transportierten Sachen nicht von der Ladefläche rutschen können. Bei den Typen Gyro-X und den mit einer Plexiglasüberdachung versehenen Canopy schwenkt hingegen das Heck in die Schräglage mit. Insgesamt fünf Versionen bietet Honda zu diesem Thema an, wobei man damit ein Monopol auf diesem Marktsegment hat, denn keiner der anderen Anbieter macht dem größten Motorradhersteller der

Erkennen sie das Original? Womöglich gab es dies auch gar nicht, dennoch fährt diese Bastelei mit Yamaha-Zweitakter im öffentlichen Verkehr von Nagasaki umher

Yamaha Town-mate neben einem typischen japanischen Getränkeautomat, wo es neben kalten Getränken auch warmen Kaffee aller Art in Dosen gibt

Welt den Markt streitig. Ganz häufig sieht man diese Dreiräder zum Beispiel in den ganz frühen Morgenstunden auf dem Fischmarkt in Tokio – der größten Fischbörse der Welt.

Der kleinste der japanischen Motorradanbieter, Kawasaki, hat sich im Einzylindersegment gut etabliert. Mit kleinen 250er Möchtegern-Enduros, wie der Super-Sherpa, versucht man wieder an die Zeit der neunziger Jahre anzuknüpfen, in der man mit der Estrella einen Verkaufsschlager im Programm hatte, der hierzulande floppte – ein eindrucksvolles Beispiel wie unterschiedlich der Geschmack zwischen Asien und Europa ist.

Beim Besuch eines Yamaha-Händlers dagegen fühlt man sich als Deutscher auf Anhieb heimisch, denn man ist von bekannten Modellen umgeben. XJR 1300, Chopper Drag Star in allen Hubraumgrößen, Majesty und die artverwandten Großroller Maxam und T-Max sowie zahlreiche Kleinroller füllen die Verkaufsräume. Als Motorradexoten gelten dann die RZ 50, eine rennmäßig gestylte 50er, die selbst in Japan nicht häufig zu sehen ist, unattraktive 250er Enduros und die auf dicken Reifen rollenden TW-Modelle mit 225 cm³ Hubraum und 18 PS Leistung, die in ähnlicher Version bei uns als TW 70 bekannt ist. Optisch nahezu unverändert an die XJR 1300 R angelehnt ist auch der kleinere Ableger, die 53 PS starke XJR 400 R.

Im Kampf um Marktanteile zwischen den beiden ewigen Rivalen Honda und Yamaha musste letzterer in den vergangenen Jahren bei der Vergabe des Auftrags für die großen Polizeimotorräder zurückstecken denn neuerdings sattelt die Polizei nicht mehr auf die langjährig im Einsatz befindlichen FZ 750, sondern auf die moderne Honda VFR 800. Ganz in weiß, mit zwei kleinen Packtaschen, einem kleinen Kästchen auf dem Soziussitz und mit den drei roten Blinkleuchten, wirken die Staatswächter sehr martialisch und es zeigt sich auch, dass die ganz in blau gekleideten Polizisten nicht zimperlich mit Verkehrssündern umgehen. Nicht mit solch potenten Motorrädern sind hingegen die örtlichen Polizeistationen namens Koban, die meist direkt am Bahnhof angesiedelt sind, bestückt. Dort stehen den Polizisten lediglich Super-Cub Modelle zur Verfügung, die ganz schlicht in schwarz-weiß lackiert sind und eher für die Suche nach Falschparkern eingesetzt werden, denn für die Jagd nach tempoüberschreitenden Verkehrssündern.

Und in welchen Punkten unterscheidet sich sonst noch der japanische Motorradalltag von unserem? Na ja, in erster Linie wird die Modellpolitik durch Hubraumabgrenzungen vollzogen, die dem europäischem Betrachter unbekannt sind. So wird vor allem den Hubraumkategorien 250 cm^3 und 400 cm^3 ein sehr hoher Stellenwert eingeräumt. Mit einem Zweirad ab einer Hubraumgröße von 125 cm^3 darf man erst auf die Autobahn fahren, wie stets grafische Schilder auf der Zufahrt auch nicht japanisch lesenden Zeitgenossen unmissverständlich klarmachen. In Bezug auf den Hubraum ergibt sich eine weitere uns fremde Eigenart: Es ist nämlich dem japanischen Denken völlig fremd, sich an irgendwelchen PS-Angaben zu ergötzen, vielmehr ist der Hubraum das Argument! Die 250er und 400er werden allerdings nichts als PS-protzende Maschinen, sondern als Motorräder mit moderater Leistung verkauft. Die Fahrleistungen sind nicht berauschend, denn es handelt sich überwiegend um durchzugsschwache Vierzylinder, die in dieser Hubraumkategorie zugelassen werden. Dies mag in unseren europäischen Augen sehr fremd wirken, aber dadurch, dass es weltweit sonst keine Nachfrage für solche 400er gibt, zeigt sich, wie einzigartig dieser Markt ist. Diese begrenzte Nachfrage beruht einzig und allein auf der Führerscheinregelung für Motorradfahrer: Es gibt zwei Stufen der Motorradfahrlizenz. Die erste erlaubt das Fahren von Motorrädern bis zu jenen 400 cm^3, die zweite ist der so genannte „uneingeschränkte“ Schein, der zum Fahren aller big-bikes berechtigt. Da an dem Erwerb des uneingeschränkten Scheins eine schwierige praktische Prüfung geknüpft ist und diese nicht alle Biker auf sich nehmen, liegt es in der Natur der Sache, dass sich ein ganz großer Teil mit der 400er Beschränkung zufrieden gibt.

Diejenigen, die sich dem praktischen Test unterziehen, lernen die geforderte Prozedur entweder in einer Fahrschule oder sehen sich die Prüfungen in einem Lizenz-Center genauer an. Der umfangreiche Test besteht neben dem Beherrschen der Verkehrsregeln aus einigen praktischen Übungen, die das Abfahren eines Parcours verlangen, eine Slalomfahrt, eine Vollbremsung aus 40 km/h, das Befahren eines 20 cm breiten Balkens mit einer Mindestdauer von zehn Sekunden und ein ebenfalls langsames Überfahren von kleinen Erhebungen in der Fahrbahnoberfläche. Nun hört sich dies alles gar nicht so schlimm an, doch die Schwierigkeit besteht darin, dass man das Bestehen über ein Punktesystem bewertet. Selbst bei geringsten Abweichungen von der vorgegebenen

Suzukis Antwort auf die Honda Super-Cub heißt Birdie, die kann aber an den Erfolg des Rivalen nicht herankommen

Honda Super-Cub, das weltweit meist gebaute Fahrzeug überhaupt, gibt es seit Ende der fünfziger Jahre und wurde in dieser langen Zeit nur insoweit geändert, dass es dem technischen Zeitgeist angepasst wurde

Linie gibt es Punkteabzüge, am Schluss werden diese addiert und diese Summe entscheidet dann über das Bestehen oder über eine Wiederholung. Wer dann den begehrten „Oogata" sein Eigen nennen darf, wird schon bald feststellen, dass der Geschwindigkeitsrausch in Japan nicht uneingeschränkt genossen werden kann. Der Grund liegt darin, dass überall Tempolimit herrscht und wer dachte, die Autobahn könne ein Refugium für schnelles Fahren sein, der irrt, denn es gelten als maximale Geschwindigkeit magere 130 km/h und selbst dieser minimalistische Genuss ist noch mautpflichtig. Da lohnt es sich dann auf den ersten Blick nicht, eine Suzuki Hayabusa oder eine Kawasaki Ninja wegen der hohen Endgeschwindigkeit zu kaufen.

Ach ja – es ist eine ganz unterschwellige Art, wie mit einigen Modellbezeichnungen japanische Wörter auf der ganzen Welt salonfähig gemacht werden. Während sich Sudoku, Sushi und Tamagocchi mittlerweile in unserem Sprachgebrauch hinlänglich etabliert haben, hat auch der Motorradsektor ein paar Begriffe nach Europa geschwemmt. Der Name Hayabusa von Suzukis 300 km/h schneller Rakete ist zum Beispiel die japanische Bezeichnung für den Wanderfalken und das Wort Ninja steht für einen historischen Partisanenkämpfer, der als Spion zum gefürchtesten und aber auch gleichzeitig zum bewundersten Mann wurde. So stellte sich Kawasaki wohl auch den Ruf seiner Straßenrenner vor. Wo wir schon bei den japanischen Namen sind, so soll auch nicht unerwähnt bleiben, dass der Name Kawasaki zweimal für Großstädte vergeben wurde. Während das in der Präfektur Fukuoka liegende Kawasaki nicht so bekannt ist, ist die in der Präfektur Kanagawa befindliche Großstadt mittlerweile mit den Millionenmetropolen Tokio und Yokohama als große Industrieregion verschmolzen. Der heutige Multikonzern Kawasaki hat indes nichts mit den genannten beiden Städten gemeinsam, denn er wurde nach seinem Firmengründer Shozo Kawasaki benannt, der im Jahr 1878 eine Werft gründete. Heute hat der Großkonzern seinen Hauptsitz in Kobe. Die anderen drei Motorradhersteller haben dagegen der Großstadt Hamamatsu mit ihren Konzernzentralen ihren Stempel aufgedrückt. Von dort

Solche 250er Scrambler fanden nicht den Weg nach Deutschland

Auch aufwändige 250er wurden niemals hierzulande angeboten. Diese V-Zweizylinder Honda stammt noch aus den 80er Jahren des letzten Jahrhunderts

Typisch japanisch war der nun schon stark abgeschwächte Boom der Hillclimbing Fahrzeuge, erkennbar an der extrem langen Hinterradschwinge. Hier eine 250er Yamaha

wird auch die Versorgung der restlichen Welt mit den Bikes gesteuert, insgesamt macht der Export an Kraftfahrzeugen, also alle Autos und Zweiräder, beachtliche 20 Prozent des gesamten japanischen Außenhandels aus.

Zurück zu den Unterschieden zwischen den westlichen Gepflogenheiten des Motorradfahrens und den asiatischen Vorlieben. Es fällt auf, dass im japanischen Linksverkehr viele einsitzige Bikes fahren. Während hierzulande zum Beispiel Honda mit dem kleinen Viertaktroller Zoomer nur mäßigen Erfolg hat, ist dieser in den Großstädten Japans sehr beliebt. Weitere Einsitzer sind die zahlreichen 50er für Transportzwecke, die Fun-50er im Stile der Honda APE oder die nicht mehr ganz trendigen Einzylinder 250er mit der langen Hinterradschwinge, wie sie von Yamaha und Suzuki angeboten werden und direkt vom Hillclimbing-Wettbewerb zu kommen scheinen. Für den Export hatten die Hersteller schnell gelernt, dass man im Rest der Welt gerne zu zweit unterwegs ist. Deshalb wurden einige Modelle mit einem Soziussitz nachgerüstet, so zum Beispiel die Suzuki GN 250 Volty, die hierzulande gar nicht angeboten wurde, oder eben jene 17 PS starke Kawasaki Estrella.

Was uns ebenfalls von dem Land unterscheidet, das für sich in Anspruch nimmt, die schwierigste Sprache der Welt zu haben, betrifft die Veteranenszene: Eine Solche existiert nur im Verborgenen! Bedingt durch die enormen Platzprobleme werden entweder die Zweiräder bis zum Umfallen gefahren oder

Die Honda Giro-up mit Heckkiste ist als Lieferwagen beliebt

schon frühzeitig gegen Neue eingetauscht. Die wenigen Motorradfreunde, die sich den älteren Modellen widmen, tun dies wieder mit japan-typischer excentieller Hingabe. Wenn man einmal eine restaurierte historische Schwingen-BMW der 60er Jahre oder sogar eine der einst von Bridgestone – wo man heute ausschließlich Reifen herstellt – produzierten rassigen Zweitakter sieht, so meint man, sie kämen geradewegs aus dem Laden. Die Perfektion in der Restaurierung kennt keine Grenzen. Ganz selten ist es auch möglich, sogar den ein oder anderen englisches Saurier, wie etwa einen Nortontwin oder eine Einzylinder-BSA im Verkehrsdschungel zu sehen.

Oftmals ein Relikt vergangener Motorradtage sind die Roller der Marke Vespa. Bereits 1954 hatten die Italiener den seinerzeit boomenden asiatischen Zweiradmarkt entdeckt, dessen Hochphase erst Mitte der fünfziger Jahre begann und bis zum Beginn der sechziger Jahre anhielt. Als dann die Motorradnachfrage etwas abebbte, merkte dies auch Piaggio mit seinen Rollern. Das Geschäft dümpelte dahin und erst 1977 erkannte man, dass man mit Neo-Klassikern die Japaner ansprechen konnte und importierte fortan auf das Inselreich historisch angehauchte, nostalgisch wirkende Roller mit moderner Technik. Damit fassten die Italiener Fuß am dortigen Zweiradmarkt und mittlerweile hat sich auch dort um den legendären Roller eine Kultgemeinde gebildet. 2007 gab es sogar eine eigene Ausstellung über die „Wespen", die den Japanern auch die Entstehungsgeschichte des Kultobjektes Nahe bringen sollte. Allgemein ist ohnehin erkennbar, dass sich in den letzten Jahren ein kleiner nostalgischer Boom auf dem Zweiradsektor etabliert hat, denn auch in Nippons-Reich sind Youngtimer momentan sehr begehrt. So kann man durchaus, wenn auch selten, eine perfekt erhaltene Kawasaki Z 1 aus der Ära Ende der siebziger Jahre sehen oder luftgekühlte zweitaktende Yamaha RD's. Aber es scheint, als wenn sich die Nachfrage ausschließlich auf Yougtimer aus dem eigenem Land konzentriert. Allerdings muss man vorsichtig beim Anblick so mancher, uns unbekannter, vermeintlich historischer Kleinmotorräder sein. In jüngster Zeit bieten nämlich Honda, Suzuki und Yamaha sehr nostalgisch aufgebaute Zweiräder mit klassischen Speichenrädern und nostalgischen Trommelbremsen an, die dem Laien durchaus einen hervorragend gut erhaltenen Klassiker suggerieren können. Bei Honda stehen hier stellvertretend die CD 50 Benly und Benly 50 S mit dem legendären viertaktenden 50er Motor, wie er bei uns

Der Honda 250er Roller als vergrößerte Ausgabe des Zoomers ist etwas gewöhnungsbedürftig

Honda giro-up mit Pritsche. Der vorne angehängte Korb dient nicht nur zur Aufbewahrung des Helms

Honda Canopy auf dem Fischmarkt in Tokio. In den Styroporkisten befindet sich fangfrischer Fisch. Gut erkennbar ist an der Honda die bewegliche Hinterradachse, in der auch der Antrieb eingebaut ist

vor allem in den Monkey-Modellen bekannt wurde. Bei Yamaha heißen der Neoklassiker YB-1 beziehungsweise YB 50. Erstere stellte dabei eine Hommage an die 1964 erstmals vorgestellte YG-1 dar, die ähnlich aussah und einen leicht schräg nach oben geneigten Zweitakter als Antriebsquelle hatte. Auch das Retrobike hat einen solchen Motor. Als wolle man auch auf diesem Sektor keinen Marktanteil verschenken, bietet Suzuki eine ähnliche Konstruktion an. Die K 50 kommt mit einem ebenfalls fast liegenden Zweitakter im klassischen Lock der 60er Jahre daher.

Überall gilt die Devise: Alles was das Leben erleichtert, wird gekauft. Und damit wird nahezu jeder technisch machbaren Spielerei Tür und Tor geöffnet. Nicht umsonst kommen die kreativen Erfindungen aus den Entwicklungszentren der riesigen Konzerne. Das große Ziel von Hochschulabsolventen und anderer hochqualifizierter Berufsanfänger ist es, einen der begehrten Arbeitsplätze in einem der weltweit agierenden Großkonzerne zu ergattern.

Die vier Motorradhersteller gehören auch in diese Kategorie. Honda allein hat weltweit über 80 Firmen, die aber neben den Motorrädern auch Autos, Rasenmäher und Aggregate produzieren. Für Kawasaki ist beispielsweise die Motorradfertigung nur ein ganz kleines Standbein im Konsortium, das sich hauptsächlich der Fertigung von riesigen Öltankern, Hubschraubern und anderen schweren Industriegütern widmet.

Doch von der großen Bühne der Weltkonzerne wieder zurück auf die Straßen der zubetonierten Großstädte. Beim Durchblättern von japanischen Prospekten fällt auch demjenigen auf, der keines der verwirrenden Schriftzeichen deuten kann, dass die Angabe für den Benzinverbrauch gänzlich von den uns bekannten Verbrauchsangaben abweicht: Es wird nämlich die fahrbare Strecke pro einem Liter angeben. Dies liest sich dann beispielsweise bei der Super-Cub 50 so, dass der Verbrauch bei einer Strecke von 130 Kilometern ein Liter beträgt und bei der 90 cm^3 großen Ausführung reicht ein Liter für exakt 60 Kilometer. Da scheint es, dass die uns bekannte Berechnung doch wesentlich realistischer ist. Aber in Japan ist es eben anders und das wird auch nicht in Zweifel gezogen, geschweige denn geändert, auch das ist wiederum ein Teil japanischer Mentalität.

Zu guter Letzt ist es auch eine Erwähnung wert, dass in Japan der nahezu weltweite Boom nach Quads und ATV völlig verpuffte. Dies liegt vor allem daran, dass es auf dem Inselreich keine großen Ländereien gibt, die es zu bewirtschaften gilt, wie zum Beispiel in Amerika. Und weil der Freizeitwert einen ganz geringen Stellenwert hat schlägt sich der Absatz von Quads kaum nieder. Es liegt schlichtweg keine Verwendung dafür vor.

Ganz anders sieht es dagegen für die Motorräder mit dem weiß-blauen Propeller auf dem Tank aus. Viele Jahre hat das Münchner Werk den japanischen Motorradmarkt erheblich unterschätzt, auch wenn es in den sechziger Jahren schon in steter Regelmäßigkeit Exporte nach Japan gegeben hatte. 1981 gründete BMW einen Stützpunkt in Fernost. Damit zog dann der Verkauf immer mehr an. Gute Publicity, hervorragende Modelle und der nach wie vor gute Ruf des „Made in Germany“ taten ihr übriges, dass BMW bei den japanischen Bikern in den Olymp der Motorradhersteller gehoben wurde. Nicht nur die Straßenmotorräder, sogar die hochbeinige GS fanden gute Akzeptanz, auch wenn der GS im alltäglichen Verkehr keine bedeutende Rolle zukommt. Vor allem die Freizeitbiker zollen den Boxermaschinen und den Einzylinder-Enduros großen Respekt, während hingegen die Vierzylinder weniger begehrt sind.

Eine nicht minder verehrte Stellung gebührt auch den Dickschiffen aus den Vereinigten Staaten. So erfreut sich in Nippon der Verkauf von Harley-Davidson einer sehr hohen Beliebtheit bei Bikern des gesetzteren Alters und des gefüllten Geldbeutels. Der Grund hierfür kann allerdings nicht, wie des öfteren berichtet wird, in der japanischen Zollpolitik gesehen werden, denn die Einfuhr für motorisierte Zweiräder ist zollfrei. Es in erster Linie wohl einfach schick, einen überhöhten Preis für die Harleys, die Ducatis,

Lang, lang ist es her, als die Engländer noch einen großen Anteil am japanischen Motorradmarkt innehatten. Diese 250er BSA ist ein Relikt aus dieser Zeit, auch das vorne montierte Nummernschild zeugt von dieser Ära

Neoklassiker wie diese kleine 50er von Yamaha sind sehr beliebt

Bei uns längst ausgestorben, sind die Monkeys und Gorillas nach wie vor in ihrer Heimat beim Honda-Händler erhältlich

Typische Großstadtszene: Auf einem Roller und einer 400er sitzen Jugendliche mit Straßenkleidung und spärlichen Helme

Alterwürdige Suzuki U 50 aus den sechziger Jahren

Großroller unter sich: Suzukis Sky-wave (Mitte), Hondas Forza (rechts) und Yamahas Majesty.

Der Postbote kommt in Japan auf einer Honda Little-cub. Unten: Geht noch mehr?

die englischen Triumph-Motorräder und natürlich auch die Bikes von BMW verlangen zu können und damit den Hauch von Luxus und dem Besonderen zu vermitteln.

Einen unersetzbaren Mythos haben die Harley-Klassiker in der Rockerszene. Der große V-Twin aus Amerika beherrscht das Wunschbild des motorisierten Antriebs dieser kleinen Szene, die geprägt ist von eher jugendlichen Outlaws, die wohl zumindest zeitweise dem japanischen System von Zwang, Etikette, Pflichten und den enorm hohen Erwartungen entfliehen möchten. Natürlich ist es auch hier Pflicht, dass die Motorräder den individuellen Wünschen angepasst werden. Obligatorisch dabei ist, dass die vorderen Schutzbleche abmontiert werden und die Heckschutzbleche auf ein Minimum gekürzt sind.

Von solchen Problemen weniger gekennzeichnet ist dagegen die fast schon fanatische Liebhaberei zur Yamaha SR 500. Während in Deutschland die Zeit dieses Einzylinders seit der Jahrtausendwende vorbei ist, hat der japanische Markt noch immer eine hohe Aufnahmekapazität und ist damit nun das einzige Land der Welt, wo der Straßenklassiker noch verkauft wird. Gleich drei Lackierungsversionen finden sich im Sortiment. Gemäß der Führerscheinvorgabe stehen heutzutage 400er Version zum Verkauf bereit, die offiziell 27 PS leisten, wohingegen auch Halbliterausführungen eine Zeitlang angeboten und verkauft wurden. Die Liebe zu dem Einzylinder führt dann vielfach dazu, dass man ganz wild umgebaute Ableger davon fahren sieht. Wer seine SR dagegen noch mehr an einen englischen Café-Racer angelehnt haben möchte, der findet in kleinen Spezialanbietern einen idealen Partner. Was diese in ihren Schaufenstern anbieten, ist erstklassige Arbeit, ohne zu verhehlen, dass man rigoros die Engländer der sechziger und siebziger Jahre kopiert.

Parallel zur Entwicklung auf dem europäischen Markt hat sich auf dem asiatischen Inselreich Nippons auch der Kleinroller etabliert. Auch er wird in erster Linie für Transportzwecke gekauft. Yamaha bietet beispielsweise den 50er Gear sogar an Stelle eines Soziussitzes mit großer Transportkiste serienmäßig an. In dieser Nische haben sich die namenhaften koreanischen Hersteller einen kleinen Marktanteil erobert. Sieht man bei den kleinen, knapp 6 PS starken Rollern, wie Yamahas VOX, Vino, oder Poche, dass sehr viele jugendliche Frauen das Gefährt für sich entdeckt haben, bevorzugen ihre männlichen Kollegen eher die Motorräder.

Wenn man nun zum ersten Mal durch die Straßen Japans streift, wird man von der Präsenz der unzähligen Zweirädern schier erschlagen. Doch bereits nach ein paar Tagen stellt sich Ernüchterung ein, denn die überall wiederkehrende Mopedwelt besteht überwiegend aus Hondas Super-Cub und anderen 50ern. Nach einigen Wochen schließlich nimmt man die kleinen surrenden Viertakter gar nicht mehr wahr. Wenn man dann noch länger im Land der aufgehenden Sonne verweilt, kommt man schließlich immer mehr zu dem Entschluss, dass das Motorradparadies nicht unbedingt hier liegen muss.

Diese Harley-Fahrer gehören den wohlhabenden Gesellschaftskreisen an, denn moderne, serienmäßige Amerikaner verlangen einen sehr gut gefüllten Geldbeutel

Jugendliche Outlaws auf Harleys, die individuell umgebaut wurden

Honda CB 1300 mit individueller Note

Selten anzutreffen: BMW der sechziger Jahre und noch dazu in diesem Zustand!

Legenden am Sachsenring

von Jürgen Nöll

80 Jahre Motorsportgeschichte gab es zu feiern, 80 Jahre Rennaktivitäten auf einem außergewöhnlichen Kurs. Der Förderverein Sachsenring e.V. rief, und alle kamen.

Alle, das waren insbesondere Fahrer und Maschinen, die einst die Spitze der Weltelite bildeten. Darüber hinaus hatten etliche weitere Rennmaschinen-Besitzer frühzeitig ihre Nennungen abgegeben, um dieser einizgartigen Jubiläumsveranstaltung einen würdigen Rahmen zu verleihen.

Monatelange Vorbereitungen waren dem Großereignis voraus gegangen und der Zeitpunkt für die Feier zum achzigsten Geburtstag des Sachsenring, nämlich eine Woche vor dem Großen Preis von Deutschland, war geschickt gewählt, konnte man doch so die Einrichtungen, die speziell für den MotoGP aufgebaut wurden, auch bereits eine Woche zuvor nutzen.

Besorgte Blicke zum Himmel erwiesen sich als überflüssig, denn Petrus hatte bereits am Freitagabend und in der Nacht zum Samstag offensichtlich seinen gesamten Wasservorrat aufgebraucht. Von dem Moment an, als die Geburtstagsgäste mit ihren zwei, drei- und sogar vierrädrigen Klassikern auf die Strecke gingen, gab es nur noch strahlend blauen Himmel. Kaiserwetter sozusagen.

Rund 700 Teilnehmer der Automobil- und Motorradszene, darunter ehemalige Weltmeister wie Giacomo Agostini, Jim Redman, Phil Read, Dieter Braun und Luigi Taveri, ließen zu Ehren des Sachsenringes noch einmal ihre alten Motorräder, Gespanne und Rennwagen brüllen, wenn auch der neue Parcours nichts mehr mit der ehemaligen Sachsenringring-Rennstrecke gemein hat.

Wohl keiner der Organisatoren des ersten Badberg-Viereck-Rennens am 26. Mai 1927 hatte auch

Im Fahrerlager: Während die Königswellen-Fraktion der Ducatisti gelassen dem Start entgegen sieht, sucht Robert Doll an seiner wassergekühlten 125er MZ von 1964 noch den optimalen Zündzeitpunkt

So sahen Renngespanne Mitte der dreißiger Jahre aus: Der Einzylinder-OHC-Motor dieser NSU 500 SS leistet etwa 25 PS. Den Beinamen „Bullus" erhielt das Modell durch den berühmten englischen Rennfahrer Tom Bullus

Ring frei! Die wahren Veteranen, die Vorkriegsmaschinen und Maschinen bis Baujahr 1950 donnern die Start- und Zielgerade hinauf

Die wassergekühlte Zweizylinder DKW 600 Supersport, hier mit Ernst-Henne-Rennlenker und stilecht gekleidetem Fahrer, zählte Ende der zwanziger Jahre zu den leistungsstärksten Seriensportmaschinen in Deutschland

Unter dem Motto „Sächsische Fabrikmannschaften" präsentierten sich Vorkriegsmaschinen aus der Region: Neben DKW…

nur im Traum daran gedacht, welche Bedeutung der bei Hohenstein-Ernstthal gelegenen Rennstrecke einmal zukommen sollte. Galten die Veranstaltungen unweit von Chemnitz anfangs noch als Motorradrennen mit regionaler Beteiligung, so nahm ihre Poularität rasch zu. Bereits 1934 konnten die Veranstalter den „Großen Preis von Deutschland" mit internationaler Beteiligung nach Sachsen holen und 1936 sogar den „Großen Preis von Europa". Letzterer galt in den Vorkriegsjahren als bedeutendstes Motorradrennen überhaupt, da es eine Motorrad-Weltmeisterschaft noch nicht gab.

Vierzig Runden, das waren nahezu 350 Kilometer Renndistanz, hatte dabei die 500er Klasse zu absolvieren. Dafür saßen die Fahrer rund 2,5 Stunden im Sattel und boten den damals schon 200 000 Zuschauern Rennsport vom Feinsten.

Im Jahr 1949 erfolgte der Neubeginn nach dem zweiten Weltkrieg, nun erweitert um die Klassen der Motorradgespanne und Rennsportwagen. Rund 400 000 Zuschauer wohnten diesem Spektakel bei. Die ständige Präsenz internationaler Spitzenfahrer bis 1960 führte dazu, dass zwischen 1961 und 1972 sogar die Weltmeisterschaftsläufe der Solomotorräder auf dem Sachsenring stattfanden. Es waren in erster Linie politische Gründe, die dazu beitrugen, dass es in der Folgezeit nur noch Motorsport mit osteuropäischer Beteiligung in Hohenstein-Ernstthal geben sollte und es bedurfte erst der Wiedervereinigung Deutschlands 1989 sowie einer völligen Umgestaltung der Rennstrecke 1996, um ab 1998 wieder Weltmeisterschaftsläufe für Motorräder zum Sachsenring zu holen. Die Rennstrecke, so wie sie heute gefahren wird, ist ein nach modernsten Erkenntnissen und Anforderungen errichtetes Motodrom, das – mehrfach erweitert – gegen den Uhrzeigersinn befahren wird und dessen Streckenverlauf unter den Fahrern als äußerst anspruchsvoll gilt.

Tatsächlich lässt der neue Sachsenring mit seinen ständig wechselnden Rechtslinks-Kurven, mit Gefällstrecken und Bergauf-Passagen keine Langeweile aufkommen. Kaum eine andere Rennstrecke erfordert mehr Aufmerksamkeit und Konzentration, braucht mehr Eingewöhnungszeit, als diese. Davon konnten sich die 700 Teilnehmer, davon 500 Motorradfahrer, Anfang Juli 2007 überzeugen. Zwölf Klassen gingen an diesem Wochenende an den Start. Serienfahrzeuge, Renn-, Sport- und Tourenwagen, Rennmaschinen, die unterteilt waren in Solomotorräder und Gespanne und hier wieder in verschiedene Alters- und Hubraumklassen.

Als absolute Highlights erwiesen sich dann erwartungsgemäß die „Zeitreisen mit Legenden, Stars und besonderen Motorrädern". Allen voran, natürlich mit Startnummer 1, der 15fache Motorrad-Weltmeister Giacomo Agostini, der – wie könnte es anders sein – mit dem Sound seiner 500er Dreizylinder MV Agusta das Publikum begeisterte. Allein 13 WM-Titel in der 350er und 500er Klasse gewann er in den sechziger und siebziger Jahren für seine italienische Marke, bevor er 1974 und 1975 zu Yamaha wechselte und mit deren Zweitakt-Maschinen zwei weitere WM-Titel einfahren konnte. Insider sprachen damals von: „Ago kam, sah und siegte". Dass der aus dem oberitalienischen Bergamo stammende Superstar einst auch auf einer Vierzylinder-Suzuki RG 500 sein Glück versuchte, wissen heute die Wenigsten. Doch mit der Zweitakt-Drehschiebermaschine hatte er wenig Erfolg. Und so gewann er seinen 122sten und definitiv letzten Grand Prix im Jahre 1976 auf dem Nürburgring erneut auf MV Agusta, bevor er ein Jahr später seine Rennfahrer-Karriere nach dem WM-Lauf in Silverstone/GB beendete.

Kaum weniger bejubelt, und in den Pausen ständig von Autogrammjägern umlagert, der Engländer Phil Read auf einer Yamaha TZ 500 von 1970 sowie der aus Rhodesien stammende Honda-Star Jim Redman. Beide ebenfalls mehrfache Motorrad-Weltmeister. Dass man Redman keine echte GP-Maschine, sondern eine aus der Serie abgeleitete 1100er 6-Zylinder Honda aus den späten siebziger Jahren zur Verfügung gestellt hatte, enttäuschte ein wenig.

... auch Raritäten wie diese Diamant 350F von 1927 oder die ein Jahr ältere 350er Schüttoff mit den typischen Fächerkrümmern

In diversen Ausstellungszelten präsentieren sich Nachkriegsrenn-maschinen

Aus der Schweiz schließlich war Ex-Weltmeister Luigi Taveri mit seiner Honda RC 250 angereist und als Weltmeister aus Deutschland konnte sich Dieter Braun ins Gästebuch des Sachsenrings eintragen. Braun, der neben einer Yamaha YZ 634 mit einer der seltenen 500er Zweitakt-König GP-Maschinen an den Start ging, gewann in seiner aktiven Zeit insgesamt 14 Grand-Prix-Rennen, unter anderen den 250er GP 1971 hier am Sachsenring. Dieter Braun wurde als Privatfahrer 1970 Weltmeister der 125er sowie 1973 der 250er Klasse.

Diese Fahrerriege repräsentierten mit ihren Maschinen die „goldene Generation“ des Motorradrennsports, die Zeit zwischen Mitte 1960 und Mitte 1970 und damit die Zweitakt- und die Sicherheitsrevolution. Auch im Zeitalter des MotoGP gilt die Regel, dass die besten Rennfahrer auf Zweitaktmaschinen gelernt haben. Und: Diese Fahrer haben sich erfolgreich dafür engagiert, dass permanente Rennstrecken mit einer entsprechenden Sicherheits- und Versorgungs-Infrastruktur zum Standard wurden.

Nicht fehlen durfte natürlich der sympathische Lokalmatador und Ex-MZ-Werksfahrer Heinz Rosner, der seine MZ RE um den Kurs trieb, als gäbe es Weltmeisterschaftspunkte zu gewinnen. Hätten den Konstrukteuren in der Rennabteilung der Zschopauer Marke MZ hinter dem eisernen Vorhang in den sechziger und siebziger Jahren auch nur annähernd die Materialien und finanziellen Mittel der westlichen und fernöstlichen Konkurrenten zur Verfügung gestanden, hätte es durchaus für den einen oder anderen WM-Titel reichen können.

Mit am Start, wenn auch nicht von Weltmeistern pilotiert, waren edle Rennmaschinen, mit denen einst um Weltmeisterschaften gekämpft und mit denen zum Teil auch Weltmeisterschaften gewonnen wurden. So zum Beispiel eine Rennmax und eine Rennfox von NSU, auf denen 1954 Werner Haas und Rupert Hollaus Weltmeister wurden. Oder die monsterhafte 500er Kompressor NSU von Wilhelm Herz, die hier von dessen Sohn Heinz präsentiert wurde. Nicht fehlen durften auch die DOHC-Werks-Twins der Bad Homburger Firma Horex aus den fünfzigern und all die schweren Einzylinder-Viertakter aus den Vorkriegsjahren. Mit GP-Maschinen bis zum Baujahr 2000 erstreckte sich das Spektrum der Fahrzeuge über sage und schreibe acht Jahrzehnte.

So gerieten die Geburtstagsfeierlichkeiten am Sachsenring zu einem vollen Erfolg. Nicht zuletzt auch durch eine gute Organisation und ein sachverständiges und begeisterungsfähiges Publikum. Fazit: zum neunzigsten kommen wir gerne wieder.

Die unvergessenen Rennfahrer-Größen von einst gaben überall geduldig Autogramme. Hier im Festzelt der mehrfache Motorrad-Weltmeister Phil Read. Rechts: Mit der 500er Kompressor-NSU, die bereits sein Vater Wilhelm in den vierziger und fünfziger Jahren als NSU-Werksfahrer erfolgreich einsetzte, war Heinz Herz zum Sachsenring gekommen

Auch die Klasse der Renngespanne war am Sachsenring mit hochkarätigen Maschinen besetzt

Jim Redman (29), mehrfacher Motorrad-Weltmeister aus Rhodesien mit einer aus der Serie abgeleiteten 1100er 6-Zylinder Honda aus den späten siebziger Jahren. Unten: Der 15fache Weltmeister Giacomo Agostini mit seiner Dreizylinder MV, gefolgt von Peter Rubatto auf einer 750er Bimota KB 4 aus dem Jahr 1987

Zu den schnellsten Maschinen im Feld zählte diese 762cm^3 MZ Scorpion von 1996

Italienische Mondial 125 von 1956 mit einer für die fünfziger Jahre typischen, weite Teile des Vorderrades mit einschließender Bugverkleidung

Noch eine 125er Rennmaschine von jenseits der Alpen: Zweizylinder Zweitakt-Benelli aus dem Jahr 1970

Ruhe vor dem Sturm: Sven Riebel mit einer wunderschönen Ducati 250 ohc von 1965 am Vorstart…

... und „full speed“ bei der Einfahrt in die berühmt-berüchtigte Omega-Kurve. Unten: R. Pommer bestach mit seiner MZ 125 RE aus den sechziger Jahren durch einen hervorragenden Fahrstil

Bis in die Neuzeit reichte die Parade der Rennmaschinen. Und die Piloten zogen am Kabel als ginge es darum, für die WM zu punkten

Der aufwändige 350er DOHC-Twin der Horex-Werksrennmaschine von 1954

Wolfgang Kalauch

Zweifacher Seitenwagenweltmeister

von Thomas Reinwald

Die Beiwagenfahrer aller Kategorien haben zeitlebens damit zukämpfen, dass sie stets im Schatten ihres Chauffeurs stehen. Von den Piloten erreichten mehr oder minder alle erfolgreichen Fahrer einen hohen Bekanntheitsgrad, während sich dagegen an die Schmiermaxen doch nur die Eingeweihten erinnern. Anders verhält es sich dagegen bei Wolfgang Kalauch. Er konnte aus dem Schatten seiner Fahrer heraustreten und erreichte einen genauso großen Nimbus. Kalauchs Laufbahn in den zahlreichen Booten der Straßenrenner zog sich über Jahrzehnte hin und er errang dabei zwei Weltmeistertitel, zwei Vize WM-Titel und fünf deutsche Meistertitel. Doch bis es soweit war, hatte er schon seine Erfahrungen in etlichen Rennen gesammelt.

Angefangen hatte dabei alles so, wie man es sonst nur aus Filmen kennt: 1963 wohnte der damals 33jährige Kalauch im schwarzwäldischen Riedlingen, verdiente sein Geld als gelernter Gardinenweber und fuhr privat ein BMW-R 51/3 Gespann. In dieser Zeit wurde der Seitenwagenrennfahrer Arsenius Butcher auf ihn aufmerksam, er erkundigte sich nach Kalauchs Adresse, fuhr bei ihm vorbei und engagierte ihn spontan als Helfer. Kalauch fuhr daraufhin mit Butcher und dessen Beifahrer zu einigen Rennen und war von Anfang an mit Leidenschaft als „Mädchen für Alles" dabei. Eines Tages dann, als ihn Butcher wieder wie gewohnt abholte und es in Richtung England zu einem Grand-Prix Lauf ging, offenbarte Butcher ihm während der Fahrt, dass er fortan nicht mehr als Helfer, sondern als Schmiermaxe im Boot tätig sei.

Wolfgang Kalauchs Premiere bei der Tourist-Trophy 1965

Von Stolz erfüllt steht hier Kalauch mit seinem Piloten Helmut Fath bei der Siegerehrung am Nürburgring 1969 – kein Wunder, es war sein erster von insgesamt 18 Grand-Prix Siegen

Zuerst geschockt, nahm Kalauch all seinen Mut zusammen und erledigte seine Bewährungsprobe mit Bravour, denn ein fünfter Platz war weitaus mehr als man mit dem Neuling erwarten konnte. Nun blieb Kalauch im Boot und das Duo Butcher/Kalauch beendete ihre erste komplette Saison 1964 auf Platz drei in der deutschen Meisterschaft hinter Deubel/Hörner und Auerbacher/Heim. Auch 1965 hielt die Gespann-Ehe, und die beiden konnten beim WM-Lauf am Nürburgring am 25. April 1965 bei Graupelschauer sogar einen dritten Platz belegen. Den gleichen Erfolg feierten sie auch beim Lauf in Spanien. In Österreich reichte es zum fünften Platz und in Frankreich fuhren sie auf Rang sieben. Trotz dieser beachtlichen internationalen Ergebnisse war aber die Zweckgemeinschaft Butcher/Kalauch wegen persönlicher Differenzen zu Ende.

Der Schmiermaxe fand nun seinen neuen Platz im Seitenwagen von Georg Auerbachers Gespann. Dass diese Wahl richtig war, zeigte sich schon beim Saisonauftakt der deutschen Meisterschaft, als am Nürburgring lediglich das Weltmeisterpaar Scheidegger/Robinson vor Ihnen über die Ziellinie fuhr. Diese Leistung war aber keine Ausnahme. Im Verlauf der Saison kristallisierte sich bald heraus, dass mit den beiden ein klarer Anwärter auf den Deutschen Meistertitel anstand. Mit einem vierten Platz auf dem Norisring übernahmen sie zum ersten Mal die Meisterschaftsführung. Doch Erzrivale Deubel/Hörner fuhr beim Schauinsland-Rennen auf den zweiten Platz, während Auerbacher/Kalauch einen Platz dahinter abgewunken wurde und das bedeutete, dass Deubel/Hörner die DM-Führung mit einem Punkt Vorsprung übernahm.

Der Flugplatz von Wunstorf war die nächste Station und Auerbacher/Kalauch konnten die Abwesenheit von Deubel/Hörner zu ihren Gunsten nutzen, den Lauf gewinnen und damit auch die deutsche Meisterschaft für sich entscheiden. Das war der erste nationale Titel für Wolfgang Kalauch. Doch das reichte Auerbacher nicht, er hatte auf den WM-Titel gehofft. Als Schuldigen sah der Gespannlenker seinen Schmiermaxen an und sein Satz „Du bist zu alt“ wurde in jener Zeit mehrfach zitiert.

Ein Bild, das um die Welt ging: Fath bewegt die Urs dermaßen rasant um die Kurve, dass das Seitenwagenrad vom Boden abhob und Kalauch sich mächtig dagegen stemmen musste

Wolfgang Kalauch – „Mr. Seitenwagen"

Für die neue Saison wechselte Kalauch in das Boot von Helmut Fath – ein riskanter Schritt, denn Fath setze auf ein komplett neues Gespann mit einem eigens konstruierten Motor. In Ahnlehnung an seinen Heimatort Ursenbach nannte er den Vierzylinder-Viertaktmotor einfach Urs. Da Kalauch zur gleichen Zeit auch noch ein Angebot von Kölle bekam, war er sich nicht sicher, mit wem er die besseren Chancen auf eine erfolgreiche Saison 1967 haben könnte. Doch nach einer Probefahrt in Faths neuem Gespann war Kalauch von der immensen Leistung des Vierzylinders überzeugt und sagte bei Fath zu. Doch die großen Hoffnungen zerbarsten in fast jedem Rennen. Während im Training meist alles ohne Probleme lief und die Konkurrenten fast mühelos deklassiert wurden, mussten die beiden im Rennen oftmals vorzeitig mit Motorschaden aufgeben. Wenn das Motorrad allerdings einmal hielt, konnte sie niemand stoppen. So wie beim Freiburger-Bergrennen Schauinsland, als das Duo einen bravourösen Sieg herausfuhr. Dies zeigte, dass die Konstruktion sehr viel Potential hatte, was Fath beflügelte, seine Konstruktion kontinuier-

Schauzu und Kalauch setzten im Jahre 1971 auf BMW

1971 wurden Kalauch und Braun von Verkehrsminister Georg Leber mit dem silbernen Lorbeerblatt ausgezeichnet

lich zu verbessern, vor allem bei der Standfestigkeit. Dem Lehrjahr folgte dann die Belohnung. Beendeten Fath/Kalauch 1967 bei den acht WM-Läufen kein einziges Rennen unter den jeweiligen Top fünf, so fuhren sie im Jahr darauf drei Grand-Prix Siege, nämlich am Nürburgring, im finnischen Imatra und in Hockenheim, heraus. Noch ein vierter Platz bei der – damals zur WM zählenden Tourist-Trophy und ein fünfter Rang im holländischen Assen vervollkommneten ihre Leistung 1968. Der Lohn dieser nahezu perfekten Saison war dann der erstmalige Gewinn der Weltmeisterschaft für Wolfgang Kalauch.

Die beiden waren sich stets bewusst, dass sie mit der Urs seit Jahren die Phalanx der BMW-Motoren im Seitenwagensport durchbrochen hatten (siehe auch Motorrad-Jahrbuch 2007). Diese Tatsache dürfte sie mit Stolz erfüllt haben. Kalauch war am Zenit seines Erfolgs angekommen. Wie sehr die Urs in der Fachwelt eingeschlagen hatte, zeigte ihnen dann, als sie in England zum „men of the year“ zusammen mit dem Fathschen Gespann gewählt wurden. Das neue Weltmeisterpaar selbst feierte seinen Gewinn mit einer Falsche Sekt im Fahrerzelt!

Vor allem Fath sah die Urs noch lange nicht am Ende seiner Möglichkeit und schraubte lieber an der

Siegfried Schauzu und Wolfgang Kalauch mit dem begehrten Pokal für den Sieg bei der Tourist-Trophy

Kalauchs Arbeitgeber Michal A. Roth sponsorte in den siebziger Jahre das Gespann, mit dem Kalauch und Schauzu fuhren

Schauzu/Kalauch während der Tourist Trophy im Jahr 1974

Perfektionierung des Gespanns, als sich auf steifen Empfängen unwohl zu fühlen und Ehrungen entgegen zu nehmen. Nachdem die Konkurrenz, die weiterhin auf die bayerischen Boxer setzte, vom Erfolg der Urs wachgerüttelt worden war, wurde fortan der Spieß herumgedreht, denn nun fand sich das Weltmeisterduo als Gejagter wider. Doch wieder waren es zunächst Kleinigkeiten, die ein Anknüpfen an die letztjährigen Erfolge erschwerten, aber dennoch sammelten sie äußerst fleißig WM-Punkte. Neben den WM-Läufen nahmen sie auch an der DM teil. Der dritte DM-Lauf wurde wieder auf dem Freiburger Bergstück des Schauinsland ausgetragen. Im Trainingslauf mussten die Weltmeister als erster auf die kurvenreiche Strecke den Berg hinauffahren. Fath hetzte vom Start weg das Gespann über den Asphalt immer hart am Straßenrand entlang, der mit Leitpfosten für den gewöhnlichen Verkehr gesichert war. Linkskurve, Rechtskurve – die optimale Gewichtsverlagerung verlangte von Kalauch ein tatkräftiges Herumturnen. Dann kam wieder eine Rechtskurve, Kalauch schleifte wie immer fast auf der Fahrbahn, den Oberkörper weit nach außen geneigt. Doch da passierte es, eine überstehende Leitpfostenhalterung rammte ihn in den Magen und verletzte ihn sehr schwer. Das Rennen und die Saison waren vorbei. Doch die bisherigen drei Siege bei den WM-Läufen in Belgien, Frankreich und Holland und ein dritter Platz waren Polster genug, sodass sie in der Punktewertung am Ende immer noch Vizeweltmeister wurden.

Doch die Freude darüber ging in dem Ärger unter, den Helmut Fath seinem Schmiermaxen machte. Kalauch war sich recht sicher, dass er auch in der Saison 1970 im Boot der Urs Platz nehmen durfte.

Ebenfalls Schauzu/Kalauch während der Tourist Trophy 1974

Aerodynamisch wurde das von Erich Hitschfeld aufgebaute Gespann, das mit einem von Helmut Fath getunten Zweitakterboxermotor bestückt war, stark überarbeitet. Doch die erfolgreiche Zeit für Schauzu/Kalauch ging seinem Ende entgegen

Doch dem war nicht so. Fath hatte sich mit Billy Nelson einen neuen Beifahrer gesucht und Kalauch davon nichts gesagt. Nun stand dieser plötzlich ohne Fahrer da. Kurzerhand griff er zum Telefon und rief bei Klaus Enders an und fragte, ob er nicht jemand wisse, der einen Copiloten suchen würde. Enders rief bei Fath an, fragte ob dies stimme, der Ursenbacher bejahte. Daraufhin engagierte Klaus Enders spontan selbst Wolfgang Kalauch als Beifahrer auf seinem BMW-Gespann. So wurden 1970 Fahrerverträge gemacht! Es wurde eine erfüllte Saison mit viel Licht und ganz dunklem Schatten: Kalauch gewann in jenem Jahr zum ersten Mal die legendäre TT auf der Isle of man und auch in der WM-Saison sammelte das „Dreamteam“ von Beginn an äußerst fleißig Punkte. Soweit die Glanzmomente. Der Schatten senkte sich dann beim Trainingslauf zum Grand-Prix in Brünn. Auf der regennassen Strecke kommt das BMW-Gespann auf eine große Wasserlache, schmierte weg und hob von der Strecke ab. Kalauch hatte keine Chance mehr und wurde in die Luft gewirbelt, landete auf dem Asphalt und blieb regungslos liegen. Schnell wurde er in das Hospital gebracht, wo man neben zahlreichen Brüchen auch einen siebenfachen Schädelbruch diagnostizierte. Es folgten Wochen der Regeneration und Kalauch dachte ernsthaft daran, den Sport aufzugeben. Zumal auch am Ende der Saison sein Pilot aufhörte.

Enders fuhr die Saison noch zu Ende, nun mit Ralf Engelhardt im Boot. Doch die mit Kalauch angehäuften Punkte reichten am Ende noch, so dass sich Enders und Kalauch als neue Weltmeister geehrt fühlen durften.

Beide verließen zwar die Seitenwagenbühne, doch im Falle Kalauchs, wie auch bei Enders, hielt die Abwesenheit nicht lange, denn schon Mitte des Jahres 1971 läutete bei Kalauch das Telefon und am anderen Ende fragte Siegfried Schauzu an, ob er bei ihm für „ein oder zwei Rennen“ aushilfsweise mitfahren würde. Trotz Skrupel wegen seiner noch nicht ganz ausgeheilten Verletzungen sagte Kalauch zu und da es von Anfang an so gut lief, blieb er nicht nur für ein, zwei Rennen, sondern ganze fünf ununterbrochene Jahre in Schauzus Seitenwagen. Das Ergebnis dieser Liaison konnte sich sehen lassen: sieben WM-Läufe gewannen die beiden in dieser Zeit, wurden 1971 Vizeweltmeister, in den Jahren 1972 bis 1974 reichte es für den dritten Rang in der WM und das letzte gemeinsame Jahr schlossen sie mit Rang fünf ab. Als Sponsor trat in jenen Jahren Kalauchs Arbeitgeber

Schauzu/Kalauch 1976 auf dem Norisring

Kalauch reinigt den Boxerzweitakter des „ARO 500“, wie ihr Gespann 1976 bezeichnet wurde

auf, der eher aus den Fußballkreisen des 1. FCN bekannte Michael A. Roth, besser bekannt als ARO. In dessen Teppichimperium arbeitete Kalauch als Abteilungsleiter und erhielt für seine Rennaktivitäten unbezahlten Urlaub.

1976 setzte sich der mittlerweile 47jährige Kalauch nochmals in das Boot des sechsfachen Weltmeisters Klaus Enders, doch der Erfolg blieb aus und so kehrte er im Lauf der Saison wieder in Schauzus Seitenwagen zurück, doch ein sechster Platz in der Endwertung dürfte sie nicht ganz befriedigt haben. Trotz dieses schlechten Abschneidens begannen die beiden auch 1977 zusammen zu fahren, allerdings nur bis Mai, denn da meldete sich Rolf Steinhausen bei Kalauch mit der Bitte, ob er nicht zu ihm in den Seitenwagen steigen könne, denn sein Beifahrer Josef Huber habe sich schwer verletzt. Und Rolf Steinhausen war ja nicht irgendwer, sondern amtierender Weltmeister. So fand sich Kalauch beim Grand-Prix-Lauf in Belgien bereits im Boot des Yamaha-Gespanns. Auf Anhieb erreichten sie Platz zwei – ein hervorragender Einstand. Der WM-Lauf in der CSSR am 7. August bescherte den beiden sogar einen Laufsieg, was Kalauchs Grand-Prix Sieg Nummer 18 war. Ende des Jahres war der vierte Rang für Steinhausen wohl etwas enttäuschend, doch Kalauch hatte gezeigt, dass er mit 50 Jahren noch immer gefragt war.

Steinhausen und Kalauch, das war ohnehin eine Beziehung zweier Generationen, denn Steinhausen war gerade 34 Jahre alt. Für das Jahr 1978 hielten beide auch aneinander fest, doch der Erfolg blieb diesmal in Sachen WM ganz aus, allerdings gewannen sie den Lauf der Tourist Trophy, die ja nicht mehr in den WM-Kalender gehörte, und Kalauch dachte wieder

In Ralf Steinhausen fand Kalauch einen neuen Piloten. Rechts: 14 Jahre später – Kalauch und Steinhausen unterhalten 1991 sich im Fahrerlager des DM-Laufs in Augsburg

Siegerehrung in Brünn 1977: Steinhausen/Kalauch gewinnen vor Schauzu (links) und O'Dell

einmal ans Aufhören. Doch auch diesmal konnte er sich nicht lossagen und blieb auch weiterhin der Dreiradszene treu. Zu Beginn der achtziger Jahre fand er im Franzosen Monnin seinen Fahrer. Als beste Platzierung mit ihm ereichte er den dritten Platz beim WM-Lauf in Mugello 1982. Ein Jahr später sprang er dann noch ein weiteres Mal bei Steinhausen ein, der erneut kurzfristig einen Copiloten brauchte. Doch auch das war noch nicht das Ende seiner aktiven Laufbahn, wenn er auch durch die OMK ab 1985 in den zwangsweisen Ruhestand versetzt wurde. Der Grund dafür war, dass diese oberste nationale Motorsportkommission keinem aktiven Fahrer über 55 Jahre mehr eine Lizenz ausstellte. Doch der sehnige, überaus schlanke Kalauch, der sich durch tägliches Radfahren fit hielt, fand auch hier einen Weg und nahm weiterhin im Seitenwagen Platz. Das letzte bekannte Rennen fuhr er 1994, als er bei Pip Harris in das Boot stieg und die Tourist Trophy bestritt. Kalauch war damals bereits im 65sten Lebensjahr. Danach zog er sich in der Tat zurück. Dem Rennsport blieb er dahingehend verbunden, dass er ein ständiger und gern gesehener Gast bei Motorradrennen wurde. Dort traf er seine ehemaligen jüngeren Kollegen wie Rolf Steinhausen wieder, mit denen er sich Anekdoten von „damals" erzählte. Und Wolfgang Kalauch konnte sehr viel erzählen, was natürlich kein Wunder war, denn er war doch derjenige, der über den längsten Zeitraum im Gespannsport aktiv war, für den Dreiradsport lebte, alle Arten der Gespannentwicklung durch gemacht hatte und gegenüber der OMK sehr kritisch war.

Natürlich registrierte Kalauch in den letzten Jahren, dass der Dreiradsport immer mehr in den Hintergrund gedrängt wurde und schon seit knapp zwei Jahrzehnten als Motorradsport nicht mehr so richtig angesehen war. Die Entwicklung der Technik, die sich immer mehr an das Automobil anlehnte und die Optik der verschalten flachen Renner trugen maßgeblich dazu bei. Kalauch merkte selbst, dass er nicht mehr in diese neue Generation gehörte. Seine insgesamt zwei WM-Titel, 18 Gand Prix Siege und fünf DM-Titel hatte er zu Zeiten errungen, in denen ein Renngespann noch eindeutig als motorradverwandt erkennbar war. Am 15. Februar 2008 starb „Mr. Seitenwagen" in seiner Wahlheimat Nürnberg, kurz nach seinem 78. Geburtstag, den er am 21. Januar noch gefeiert hatte.

Das Duo Steinhausen/Kalauch beim Fieberbergrennen 1978

1982 fuhr „Mr. Seitenwagen" im Boot des Franzosen J.F. Monin

1994 fuhr Kalauch, inzwischen 65 Jahre alt, nochmals eine Tourist Trophy, diesmal mit Pip Harris

Minibikes

Schwäbische Kleinkunst im Deutschen Zweirad Museum Neckarsulm

von Jürgen Nöll

Voller Erwartung schieben sich die Besucher durch die gläserne Drehflügeltür des Deutschordensschlosses. Schnell noch eine Eintrittskarte lösen und dann nichts wie hin zu den Exponaten, die es in vier Stockwerken des Deutschen Zweiradmuseums in Neckarsulm zu bestaunen gibt. Vorbei an Ständern mit Souvenirs und Ansichtskarten, an Glasvitrinen mit allerlei Zweiradzubehör und Miniaturmodellen. Schließlich wollen mehrere Hundert Motorräder aus der ganzen Welt, aus allen Epochen der über hundertjährigen Zweiradgeschichte besichtigt werden. Da ist Ausdauer gefragt. Für die Tour braucht man nicht selten mehrere Stunden, sofern nicht Weib und Kind zum vorzeitigen Streichen der Segel zwingen. Doch schließlich ist auch der ausdauerndste Besucher geschafft. Längst sind die Grenzen von Konzentration und Aufnahmefähigkeit erreicht. Das Kreuz tut weh, die Füße brennen – genug für heute. Keine Zeit mehr für die Kleinode im Eingangsbereich des Museums.

Doch gerade hier, durch eine gläserne Vitrine gegen allzu neugierige Besucherhände abgeschirmt, sind einige ganz besondere Kostbarkeiten ausgestellt. Der Stuttgarter Eugen Ziegler hat diese Kunstwerke in den siebziger Jahren geschaffen. Einzigartige Miniaturen klassischer Werksrennmaschinen, die er selbst noch in den fünfziger Jahren auf der Solitude miterlebt hat und deren Fahrer einst Größen im internationalen Motorsport waren. Idole für eine ganze Nachkriegsgeneration. Ihre Namen kannte jedes Kind. Zugejubelt hatte er ihnen, wenn sie wieder einmal auf der Rennstrecke vor den Toren Stuttgarts gastierten: Werner Haas, Gustl Hobl, Schorsch Meier, H. P. Müller, Siegfried Wünsche, Walter Zeller und viele andere mehr.

Aus den Erinnerungen an die Rennen der 50er Jahre erwachte Eugen Zieglers Modellbau-Leidenschaft. Hier die NSU-Rennmäxe beim Start. Mit Startnummer 120 Werner Haas

Mit der NSU-Rennmax von 1953, mit der Werner Haas als erster Deutscher einen Motorrad-Weltmeistertitel nach Hause holte, begann Eugen Zieglers Modellbau-Leidenschaft

Jahre später konnte er eine dieser Rennmaschinen endlich einmal aus der Nähe bewundern, als diese bei einem Bekannten in Gerlingen stand. Ziegler entschloss sich spontan, sie zu vermessen um sie als Modell nachzubauen. Es war die NSU-Rennmax aus dem Jahr 1953 wie sie von Werner Haas gefahren wurde, als er erstmals den Weltmeistertitel in der Viertelliter-Klasse nach Deutschland holte.

Präzision war für Ziegler durch seine jahrelange Tätigkeit bei der Firma Leitz zu einem festen Begriff geworden. Seine Rennmax sollte, wenn man sie fotografierte, kaum mehr vom Original zu unterscheiden sein. Ein hoher, wenn nicht sogar unerreichbarer Anspruch. Ergo musste ein entsprechend großer Maßstab für das Modell gewählt werden. Die Wahl fiel schließlich auf ein Größenverhältnis von 1:4,5. Ein Millimeter am Modell entspricht somit 4,5 Millimeter am Original. Im Klartext ergibt das eine Fahrzeuglänge des Modells von rund 400 Millimeter. Damit ließ sich in Bezug auf Detailtreue schon einiges bewerkstelligen.

Was Eugen Ziegler dann im Lauf vieler Monate auf die Räder stellte, war schlicht und ergreifend sensationell. Fast alles, bis auf den Motor natürlich, ist funktionsfähig: Tankdeckel lassen sich öffnen, Bremshebel betätigen; Miniaturseilzüge übertragen die Zugkräfte von den Hand- und Fußhebeln bis hinunter zu den Bremsen und der Kupplung. Bei Betätigung der Kupplungshebel rückt die Kupplung aus, trennen sich sogar die Belagscheiben im Kupplungskorb. Da ist es selbstverständlich, dass die Federungselemente an den Vorder- und Hinterrädern tadellos arbeiten, sich die Lenkung betätigen lässt und die Räder drehen. Dabei rollt eine Miniaturkette, wie beim großen Vorbild, über fein gefräste Kettenräder und Ritzel ab.

Die Beschaffung einer solchen Kette war nicht einfach. Ziegler fand sie in einer alten Schreibmaschine, die er dafür ausschlachtete. Und als wäre es eine Selbstverständlichkeit, lässt sich die Kette auf korrekten Durchhang prüfen und im Bedarfsfall nachspannen. Genau wie beim Original. Sogar die Sicherung des Kettenschlosses mit Draht hat der Tüftler an seinem Modell realistisch nachempfunden.

Der Nachbau dieser NSU-Rennmaschine faszinierte Ziegler derart, dass er sich in den folgenden Jahren dem Bau weiterer Modelle widmete. Auch

Die Rahmenrohre, deren Muffen sowie die Aufnahmen der Federbeine sind vom Original nicht mehr zu unterscheiden. Selbstverständlich lässt sich das Spiel des Bremsseilzuges einstellen und es würde niemanden wirklich wundern wenn sogar die Batterie Strom liefern würde. Die Bremse lässt sich betätigen und die Federung des Vorderrades über die Kurzschwinghebel arbeitet ebenso präzise wie beim großen Vorbild

Mit dieser 350er Werksmaschine schaffte der Ingolstädter August „Gustl" Hobl als DKW-Werksfahrer den Vorstoß in die Weltspitze und wurde 1956 sogar Vizeweltmeister

Die Liebe zum Detail scheint grenzenlos. Klar, dass sich an der „Singenden Säge“ wie die Rennmaschine wegen ihres brutalen Motorengeräuschs in den 50er Jahren genannt wurde, die Kette spannen lässt

Original oder Fälschung? So hatte sich Eugen Ziegler seine Modelle gewünscht. Man sollte auf einem Foto nicht erkennen können ob es sich um sein Modell oder das Original handelte

wenn jede dieser Nachfertigungen mit weit über 1000 Arbeitsstunden zu Buche schlug und für den Ruheständler aus dem Hobby schon fast ein Fulltimejob wurde, seine Begeisterung schien einfach grenzenlos. Schwierig wurde es, wenn die Originalmaschinen nicht als Vorlage für den Nachbau zur Verfügung standen. Dann mussten alte Zeichnungen oder Fotos herhalten, unzählige Maße abgenommen und umgerechnet werden. Ein zusätzlicherAufwand zwar, aber kein echtes Aufgabekriterium.

Mangels einer geeigneten Werkstatt diente dem Modellbauer die Küche als Hauptarbeitsplatz. Dabei musste er nicht etwa warten, bis seine Frau wieder

Lassen sie dieses Bild ruhig auf sich wirken. Man muss wohl erst durch den Sucher einer Kamera schauen, um die Präzision dieser Modelle vollends zu erfassen. Ob der Benzinhahn funktioniert? Wir haben es nicht ausprobiert aber wundern würde es uns kaum

einmal zum Einkaufen außer Haus war. Nein, sie unterstützte sogar sein Hobby tatkräftig. Nur wenn es wieder einmal galt, mit einer glühenden Nadel die Reifenprofile in die Gummiringe zu schmelzen, wenn wieder einmal das ganze Haus nach verbranntem Gummi roch, dann war die Schmerzgrenze nahezu erreicht. Oder aber, wenn die Farbe der frisch lackierten Teile im Backofen eingebrannt wurde. Doch am nächsten Tag war alles vergessen. Es wurden wieder Rahmen aus Messingrohr gebogen, Blechkühlrippen an Zylinder gelötet und Speichen aus Dekorationsnadeln gefertigt. Mit Hilfe einer kleinen Handbohrmaschine fräste Ziegler mitunter tagelang Motorengehäuse und andere Teile aus Holz, die danach in einem befreundeten Betrieb aus Aluminium gegossen wurden. Auch Drehteile wie beispielsweise Felgen und Bremstrommeln mussten mangels einer Drehmaschine „fremd vergeben“ werden. Auf diese Weise entstanden zwischen 1970 und 1979 neben der Rennmax noch zwei- und dreizylindrige DKW-Rennmaschinen sowie zwei BMW RS. Eine als Solo- und die andere als Gespann-Rennmaschine. Bei BMW war man vom Finish und der detailgetreuen Nachbildung der Arbeiten dermaßen beeindruckt, dass man Ziegler für eines seiner Modelle eine neue R 90S anbot. Doch Eugen Ziegler lehnte dankend ab.

Heute stehen seine Modelle nur einen Steinwurf entfernt von ihren originalen Vorbildern. Und wenn Sie wieder einmal ihr Weg ins Deutsche Zweiradmuseum nach Neckarsulm führt, denken sie daran, nehmen sie sich die Zeit und lassen sie sich diese einzigartigen Kunstwerke nicht entgehen.

Die Namen BMW und Walter Zeller bleiben auf alle Zeiten untrennbar miteinander verbunden. Keiner bewegte die RS 500 eleganter und erfolgreicher als er. Der Titel als Vizeweltmeister in der Halbliterklasse war die Krönung

Natürlich sind die Räder ausgewuchtet und das Ventilkäppchen ist abnehmbar. Und dass nach drei Jahrzehnten der Zahn der Zeit am Gummi nagt, ist bestenfalls ein kleiner bedauernswerter Schönheitsfehler

Auch hier handelt es sich nur um das Modell. Die Kupplung ist funktionsfähig, die Schaltung haben wir nicht ausprobiert. Wie man neben einem Miniatur-Kupplungshebel derartig feine Griffgummis nachfertigt, bleibt Zieglers Geheimnis

Für dieses Modell bot das Münchner Werk eine nagelneue R 90 S, doch der Modellbauer lehnte dankend ab

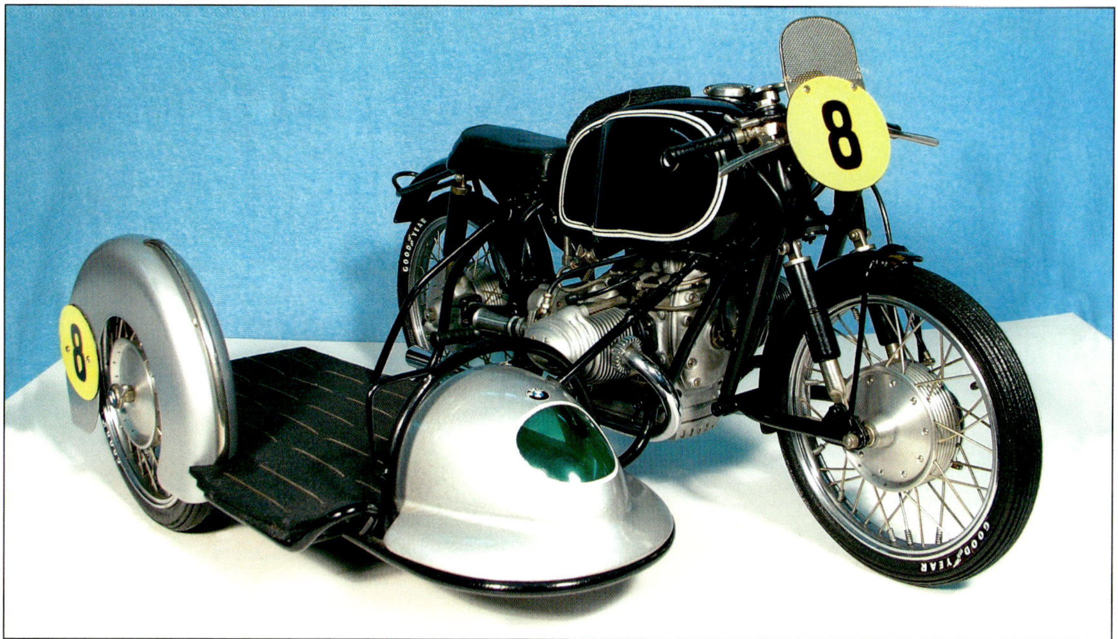

Mit dem RS Sidecar-Modell erinnert Ziegler an die ungebrochene Vorherrschaft der Weißblauen in der Gespannklasse

Die Solomaschine ist mit Vergasern ausgerüstet, das Gespann mit mechanischer Kraftstoffeinspritzung

Die einzige Vorkriegsrennmaschine, die Eugen Ziegler als Modell gebaut hat, ist diese DKW. Auch hier lassen sich Tankdeckel öffnen, Bremshebel betätigen. Miniaturseilzüge übertragen die Zugkräfte von den Hand- und Fußhebeln bis zu den Bremsen und der Kupplung. Bei Betätigung der Kupplungshebel rückt die Kupplung aus, es trennen sich sogar die Belagscheiben im Kupplungskorb. Die Maschine erinnert mit der unter dem Kurbelgehäuse angebrachten Ladepumpe an die großen Erfolge der Marke in der Kompressor-Ära

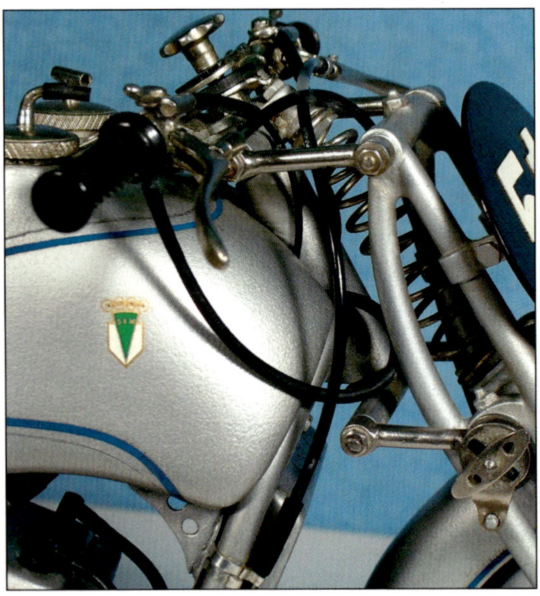

Belgische Motorräder

Highlight auf der Bremen Classic Motorshow

von Jürgen Nöll

Mehr als 30 000 Besucher nutzten am ersten Februar-Wochenende wieder die Gelegenheit, den Oldtimer-Winterschlaf durch einen Abstecher zur Bremer Classic Motorshow zu unterbrechen, die erstmals an drei vollen Veranstaltungstagen ihre Tore geöffnet hatte. Viele Liebhaber klassischer Motorräder zog alleine schon die für Deutschland wohl einzigartige Versteigerung von rund 100 Renn- und Serienmaschinen sowie weiteren circa 500 Motorradteilen, Literatur und so weiter in ihren Bann. Doch noch etwas anderes, absolut sehenswertes markiert die in sieben Hallen untergebrachte Messe im Norden Deutschlands. Es sind die alljährlich mit einem besonders hohen Maß an Sorgfalt und Sachverstand ausgerichteten Sonderausstellungen, deren Thema 2007 „Belgische Motorräder“ waren. So gestaltete sich mit mehr als 30 Renn- und Serienmaschinen aus sechs Jahrzehnten diese einmalige Ausstellung einmal mehr zu einem, wenn nicht sogar zu dem Highlight der fünften Bremen Classic Motorshow. Die gezeigte Kollektion, der ein Jahr intensive Vorbereitungszeit vorausgegangen war, wurde unter der Federführung des Veteranen-Fahrzeug-Verbandes VFV e.V. eigens für diese Sonderschau in Bremen zusammengestellt. Leihgeber aus ganz Europa hatten es sich nicht nehmen lassen, hier zu zeigen, was Belgien in Bezug auf den Motorradbau bis in die sechziger Jahre alles zu bieten hatte.

Die goldenen Jahre der belgischen Motorrad-Industrie lagen zweifellos in der Vorkriegszeit zwischen 1920 und 1939. Zu den bedeutenden, auch im Motorrad-Rennsport erfolgreichen Firmen dieser Zeit zählten Bovy (1988-1931), F.N. (1901-1956), Gillet (1019-1955), Minerva (1897-1955), Rush (1921-1934) und Saroléa (1901-1963). Aber auch weniger bedeutende belgische Fabrikate wie beispielsweise Brondoit, Escol, Lady, Lamoco oder

Die Kollektion, der ein Jahr intensive Vorbereitungszeit vorausgegangen war, wurde unter der Federführung des Veteranen-Fahrzeug-Verbandes VFV e.V. eigens für diese Sonderschau in Bremen zusammengestellt

Die einmalige Sonderschau „Belgische Motorräder“ mit mehr als 30 Renn- und Serienmaschinen aus sechs Jahrzehnten galt als das eigentliche Highlight der fünften Bremen Classic Motorshow

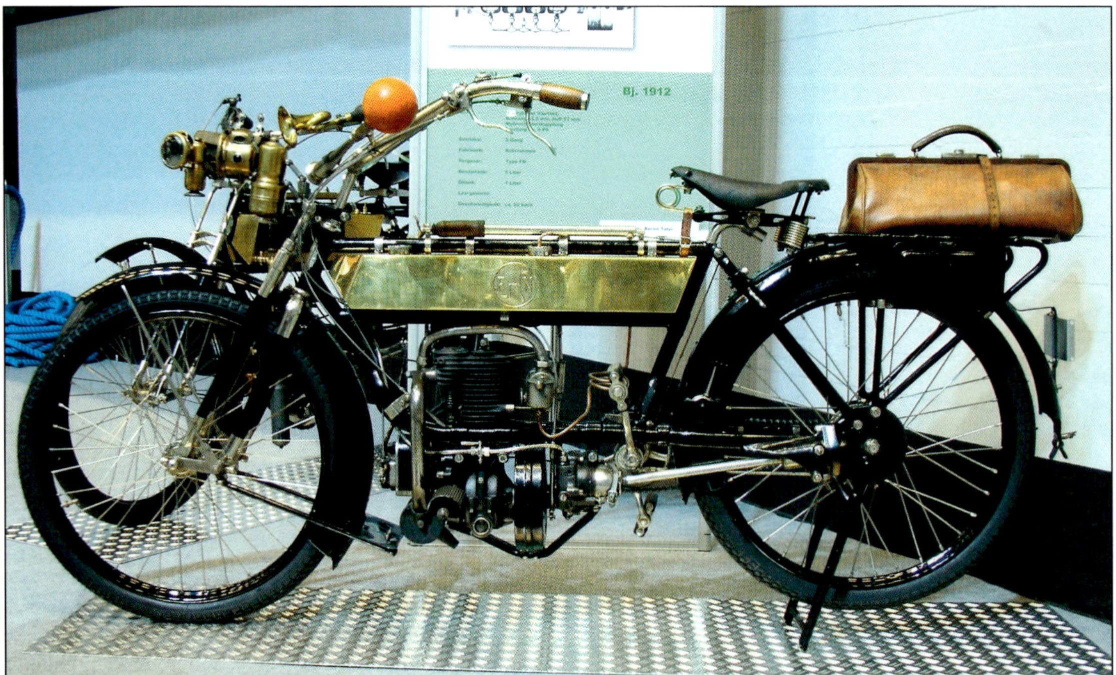

Lange vor BMW stattet FN seine Maschinen mit Kardanantrieb aus. Hier das 280 cm³ Viertakt Einzylindermodell von 1912

Ready bereicherten die Ausstellung. Doch nicht nur die Vielzahl der Motorradhersteller sorgte für großes Publikumsinteresse. Es gab auch belgische Maschinen zu bestaunen, die besonders durch ihre absolut ausgefallene Konstruktion auf sich aufmerksam machten. Dazu zählte vor allem ein Prototyp der Marke Lamoco von 1929, der von einem Zweizylinder-Gegenkolbenmotor angetrieben wird. Auch die gewaltige Halbliter-Geländesport FN aus dem Jahr 1949, deren Räder gezogene Langschwingen mit Gummibandfederung besitzen, zog die Blicke der Besucher auf sich. Nicht fehlen durfte natürlich eine frühe FN mit luftgekühltem Vierzylinder-Reihenmotor und Kardanantrieb.

FN steht für „Fabrique National D`Armes De Guerre, S.A. Herstal". Als Waffenfabrik berühmt geworden, stellte man ab 1895 Fahrräder her und nahm 1901 den Bau von leichten Motorrädern auf, die von Paul Kelecom konstruiert wurden. 1905 war die Sensation perfekt, als auf dem Pariser Salon ein FN Vierzylinder-Kardanmodell mit 362 cm^3 vorgestellt wurde. 1907 kam ein Einzylinder mit 247 cm^3, Kardanantrieb und Zweiganggetriebe dazu. Inzwischen wurde die Vierzylinder auf 493 cm^3 Hubraum aufgestockt und erhielt 1910 eine Kupplung und als Option ein Zweiganggetriebe mit Leerlauf. Bereits ab 1905 nahm FN offiziell an Motorradrennen und Langstreckenfahrten teil. Beim ersten Einsatz auf der Tourist-Trophy errang 1908 der Fahrer R. O. Clark auf einer Vierzylinder- FN den dritten Platz. Das Vierzylinder 750 cm^3 Modell M50, inzwischen mit Kettenantrieb, wurde Ende 1923 aus der Produktion genommen. Zeitgleich entstanden neue Blockmodelle als M 60, 348 cm^3 OHV, M67, 496 cm^3 OHV und M 70, 346 SV. Die M 70 wurde, nach dem 1927 drei Fahrer damit durch die Wüste Sahara gefahren und 8 000 Kilometer zurückgelegt hatten, ein ganz großer Verkaufsschlager. Sie avancierte zum meistverkauften FN-Modell und wurde als Modell Sahara weltberühmt.

Nach dem Krieg entstanden neue Konstruktionen, die einheitliche Untermotoren besaßen und mit Vierganggetrieben ausgestattet waren. Somit konnten SV- oder OHV-Zylinder unterschiedlicher Hubräume montiert werden. In der Fahrwerksfederung ging FN neue Wege. Alle Modelle hatten nun Gummibandfederung. Die Vorderradgabel besaß eine gezogene Hilfsgabel, das Hinterrad saß in einer Dreieck-Schwinge. Beide nutzten als Federungselemente kräftige Gummischlaufen, die auf Zug bean-

Gerade einmal 100 Kilogramm bringt die 350er FN M 60 Sport von 1927 auf die Waage

Nach dem zweiten Weltkrieg beschritt FN, insbesondere was die Fahrwerkstechnik anging, neue Wege. Diese 500er Scrambler entstand 1949, mit Gummibändern werden das Vorderrad und das Hinterrad gefedert

spruchet wurden. Doch verließ FN in den fünfziger Jahren das System wieder zugunsten von Teleskopgabeln und konventionellen Hinterradfederungen. Die letzten Zweiradaktivitäten endeten 1963, als FN die Produktion von 50 cm^3 Mopeds einstellte.

Nicht weniger bedeutend waren die Motorräder von Joseph Saroléa, der 1850 in Herstal eine Waffenmanufaktur gründete und 1892 nach FN-Vorbild die Produktion von Fahrrädern aufnahm. Nach dem Tod des Firmengründers 1894 übernahmen seine Söhne das Unternehmen. Die ersten Saroléas, noch stark dem Fahrradrahmen ähnlich, entstanden 1901.

Nach dem Erscheinen der OHV- Modelle von 1923 stellte Sarorléa für ambitionierte Rennfahrer erstmalig 1927 eine Supersportmaschine, das Modell Monotube her. Offensichtlich hatte sich Saroléa dem Breiten-Motorrad-Rennsport verschrieben, denn von 1928 bis 1938 standen acht käufliche Racing-Modelle mit 350 cm^3, 500 cm^3 und 600 cm^3 Hubraum zur Wahl. Die Palette der Serienmodelle bestand 1930 aus je zwei 350 cm^3 und 500 cm^3 SV und OHV Modellen mit stehendem Zylinder. Ab 1933 trumpfte Saroléa mit acht neuen Modellen auf. Die Zylinder der neuen Motoren waren nun zwecks geringerer Bauhöhe nach vorne geneigt. Neu hinzu kam auch als käufliche Rennsportmaschine das Halbliter-Modell 30 R „Racing". Für den kleineren Geldbeutel nahm Saroléa ab 1935 den Bau von 100 cm^3, später 125 cm^3 Leichtmotorräder auf, die bis 1940 im Programm blieben. Kurz vor Toresschluss wurde 1960 noch ein 200 cm^3 Modell mit Fichtel & Sachs-Motor vorgestellt. Noch im selben Jahr kam für Saroléa das „Aus"

Der Name Saroléa hatte seit jeher einen guten Klang im Motorradsport. Dieses, noch im Originalzustand befindliche Halbliter Supersport-Modell vom Typ 23 S stammt aus dem Jahr 1928 und besitzt noch einen Stecktank.

und die Fabriktore schlossen für immer.

Auch die 1919 den Motorradbau aufnehmende Firma Gillet in Herstal entwickelte sich zu einem bedeutenden Motorrad-Hersteller Belgiens. Die Zuverlässigkeit der Gillet- Zweitaktmaschinen war besonders in den zwanziger Jahren beispielhaft.

Die Motorradwelt staunte nicht schlecht, als 1926 die Franzosen Robert Sexé und Henry Andrieux mit einer Gillet-Zweitaktmaschine rund um die Welt fuhren und dabei die riesige Distanz ohne größere Defekte zurücklegten. Über Nacht wurde die Motorradmarke Gillet durch dieses Modell, eine 347-cm^3-Zweitaktmaschine mit Zweiganggetriebe, weltberühmt. Die Tour du Monde genannte Maschine mit ihrem 9-PS-Motor verfügte über 79,5 mm Hub und 70 mm Bohrung. Der Motor, nach dem Zweikanalsystem arbeitend, besaß zur Einlass-Steuerung einen Kurbelwellen-Drehschieber.

1926 kam das Werk mit kopfgesteuerten 500 cm^3 Einzylinder-Blockmodellen auf den Markt und errang damit beachtenswerte Erfolge. Sport- und Rennmotorräder aus dem Hause Gillet waren auch in Deutschland gefragt. Besonders die Rekordfahrten von Rene Milhoux sorgten immer wieder für positive Schlagzahlen. 1929 ging der bekannte Rennfahrer mit einer neu entwickelten 500-cm^3 OHC-Rennmaschine auf Weltrekordjagd. Er erreichte mit seiner Solomaschine eine Spitzengeschwindigkeit von 184,6 km/h und mit einem verkleideten Seitenwagen 166,7 km/h. Wenig später fuhr er mit einer 350-cm^3-Rennmaschine zwei neue Weltrekorde: mit stehendem Start über einen Kilometer erreichte er 179,2 km/h und über eine stehende Meile sogar 184,5 km/h.

Nach dem Zweiten Weltkrieg nahm Gillet die Produktion von stationären Hilfsmotoren und den Motorradbau wieder auf. Es entstanden gute und solide Motorräder, die an die Vorkriegstradition der Tour du Monde erinnerten. Sie verfügten über kopfgesteuerte 248 cm^3 und 348 cm^3 Motoren modernster Konstruktion.

1948 wurden die Telegabeln und die Hinterradfederung eingeführt. Ab 1949 gab es neue 498 cm^3 SV- und OHV-Modelle, die sich jedoch nicht mehr so gut verkauften. In der Blütezeit des Motorradbaues beschäftigten in der bei Lüttich gelegenen Stadt Herstal die Motorradwerke über 2 000 Mitarbeiter. Als dann in den fünfziger Jahren auch in Belgien das Motorradsterben begann, verschwanden neben den kleinen Motorradherstellern auch die drei großen FN, Gillet und Saroléa.

Ab 1919 baute Gillet Motorräder. Somit zählt dieses 350er Modell von 1926 zu den frühen Vertretern der Herstaler Manufaktur. Neben dem niedrigen Rahmendurchstieg ist auch die pneumatische Hupe interessant, deren Kompressor ähnlich einem Dynamo vom Hinterreifen angetrieben wird

Die Trapezgabel der 350er Gillet ist mit einer Zug- anstelle der üblichen Druckfederung ausgestattet

1929 entstand diese schnelle Gillet 500 Supersport. Sie wird von ihrem Besitzer noch heute bei Wettbewerben für historische Rennmaschinen eingesetzt

Februar 1923: die Gillet-Fahrer Vincotte, Renier und Reynartz bei ihrer Abfahrt Paris-Nizza

Bei den großen Veranstaltungen der zwanziger Jahre wie der Tour de France, bei den Rennen Paris-Nizza oder Paris-Pyrenäen-Paris waren Gillet- Zweitakter der damaligen Konkurrenz weit überlegen

Einzylinder Viertakt OHV-Motor, Bohrung/Hub 84/90 mm, 19 PS, Dreiganggetriebe. So der Steckbrief dieser sportlichen 500er Gillet Competition von 1928

Lamoco baute Ende der zwanziger Jahre diesen Prototypen mit Zweizylinder-Zweitakt-Gegenkolbenmotor und Kardan Antrieb. Interessant auch der aus Dreiecksverbänden bestehende Rohrrahmen sowie die Verwendung einer Teleskop-Vordergabel

Neben eigenen Konstruktionen verbaute Rush auch Motoren von JAP und Blackburne. Diese Halblitermaschine stammt aus dem Jahr 1927

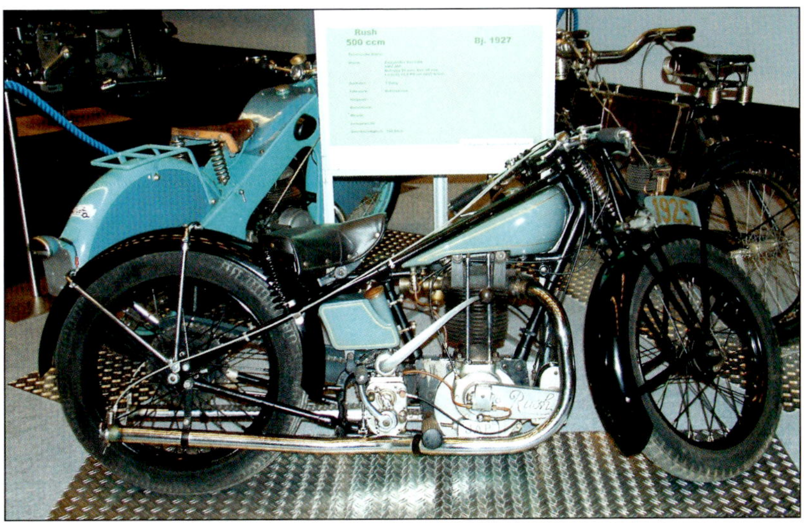

Eine Escol von 1932. Sie besitzt einen Pressstahl-Rahmen und wird von einem englischen Zweitaktmotor der Marke Villiers angetrieben. Der Einzylinder verfügt über eine Bohrung von 67 und einen Hub von 70 mm

Bovy, schon einmal gehört? Das Unternehmen wurde 1888 als Waffenfabrik gegründet, baute dann Fahrräder und ab 1900 die ersten Motorräder. Hier eine Bovy mit 500er SV-JAP Motor aus dem Jahr 1929

FN steht für „Fabrique National D`Armes De Guerre, S.A. Herstal". Als Waffenfabrik bereits berühmt, stellte FN ab 1895 Fahrräder her und nahm 1901 den Bau von leichten Motorrädern auf.

Weitere Bücher unseres Verlages

Fordern Sie unser Gesamtverzeichnis an mit Büchern über **Autos**, **Motorräder**, **Lastwagen**, **Traktoren**, **Feuerwehrfahrzeuge**, **Baumaschinen** und **Lokomotiven**:

Verlag Podszun Motorbücher GmbH
Elisabethstraße 23-25, 59929 Brilon
Telefon 02961-53213, Fax 02961-9639900
Email info@podszun-verlag.de
www.podszun-verlag.de

Insgesamt 77 Hersteller mit vielen Bildern und allen wichtigen Daten und Dokumenten.

144 Seiten, 244 Abbildungen
28 x 21 cm, fester Einband
Bestellnummer **299** EUR **19,90**

Die Highlights aus mehr als 100 Jahren deutscher Motorradgeschichte mit herrlichen Fotos.

128 Seiten, 380 Abbildungen
28 x 21 cm, fester Einband
Bestellnummer **393** EUR **19,90**

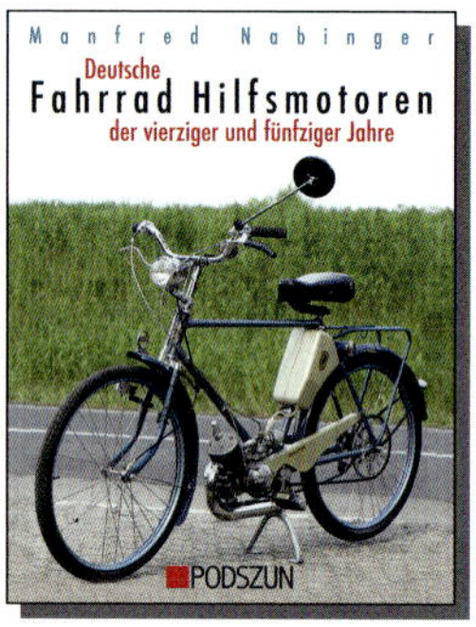

28 Marken werden vorgestellt, reichhaltig bebildert und sachkundig kommentiert.
120 Seiten, 280 Abbildungen
28 x 21 cm, fester Einband
Bestellnummer **494** EUR **19,90**

Umfassende Darstellung aller Lkw- und Omnibus-Typen mit vielen besonderen Aufbauten.

224 Seiten, 570 Abbildungen
28 x 21 cm, fester Einband
Bestellnummer **456** EUR **39,90**

Der legendäre Opel Olympia Rekord wird anhand von historischen Dokumenten dargestellt.

144 Seiten, 266 Abbildungen
28 x 21 cm, fester Einband
Bestellnummer **340** EUR **24,90**

Die traditionsreiche Geschichte mit den Serienmodellen von den Anfängen 1948 bis heute.

120 Seiten, 360 Abbildungen
28 x 21 cm, fester Einband
Bestellnummer **370** EUR **24,90**

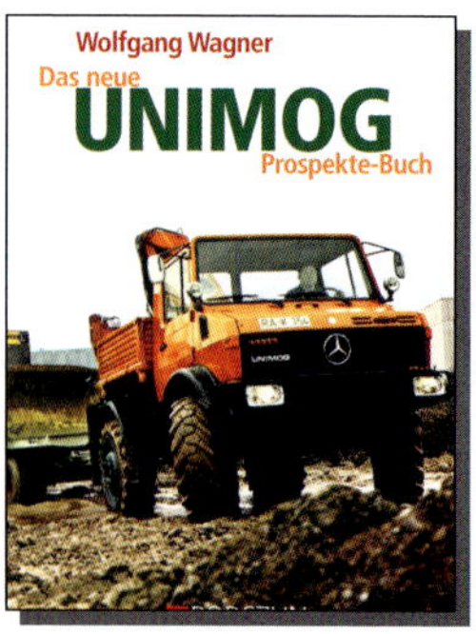

Das zweite, neue Buch mit Original-Prospekten und Dokumenten des Universalmotorgerätes.

128 Seiten, viele Abbildungen
29 x 21 cm, fester Einband
Bestellnummer **458** EUR **19,90**

Lückenlose Typologie des Unimog und seines Bruders, dem MBtrac, mit technischen Daten.

144 Seiten, 350 Abbildungen
28 x 21 cm, fester Einband
Bestellnummer **275** EUR **19,90**

Die Fahrrad- und Hilfsmotoren aus deutscher Produktion der letzten 100 Jahre.

144 Seiten, 250 Abbildungen
24 x 17 cm, Leinenbroschur
Bestellnummer **320** EUR **14,90**

Kleinmotorisierung auf zwei Rädern. Mofas, Mopeds, Roller und Fahrräder mit Hilfsmotor.

136 Seiten, 245 Abbildungen
24 x 17 cm, Leinenbroschur
Bestellnummer **392** EUR **14,90**

Neuheiten, KTM-Story, Kleinroller, Golem von DKW, Motorradbremsen, Airone u.a.

144 Seiten, 270 Abbildungen
17 x 24 cm, Leinenbroschur
Bestellnummer **363** EUR **14,90**

Neuheiten, Zündapp S-Reihe, Werner Haas, Zweiradveteranen, Rennmotorräder u.a.

144 Seiten, 263 Abbildungen
17 x 24 cm, Leinenbroschur
Bestellnummer **397** EUR **14,90**

Neuheiten, Megola-Zweiradauto, Simson 425 Sport, Kesselbergrennen, R. Heßler u.a.

144 Seiten, 275 Abbildungen
17 x 24 cm, Leinenbroschur
Bestellnummer **427** EUR **14,90**

Simson, Horex S 200, Moto-Cross WM 1975, Ganz kleine Flitzer u.a.

144 Seiten, 288Abbildungen
17 x 24 cm, Leinenbroschur
Bestellnummer **462** EUR **14,90**

Alle jemals gebauten Lancia mit technischen Daten und vielen Abbildungen.

144 Seiten, 340 Abbildungen
28 x 21 cm, fester Einband
Bestellnummer **420** EUR **24,90**

Umfangreich bebilderte Chronik aller jemals gebauten Pkw dieser traditionsreichen Marke.

152 Seiten, 560 Abbildungen
28 x 21 cm, fester Einband
Bestellnummer **412** EUR **24,90**

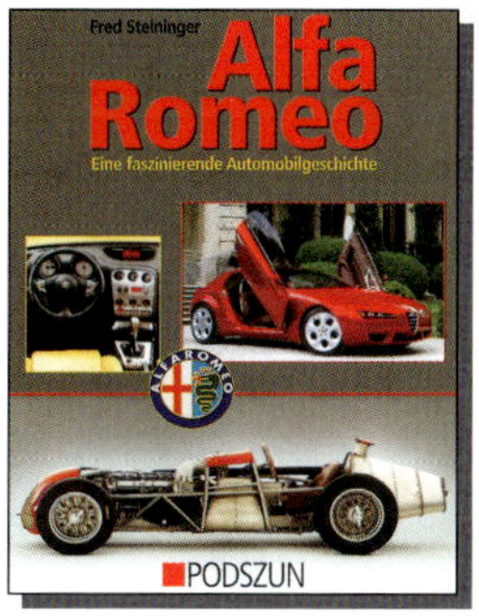

Die erfolgreiche Historie dieser italienischen Marke mit allen jemals gebauten Pkw.

144 Seiten, 288 Abbildungen
28 x 21 cm, fester Einband
Bestellnummer **318** EUR **24,90**

Eine vollständige Darstellung der Personenwagengeschichte der Marke NSU.

160 Seiten, 450 Abbildungen
28 x 21 cm, fester Einband
Bestellnummer **442** EUR **24,90**

Tiger, Spatz, Isetta & Co: Kaum zu glauben,was sich damals auf unseren Straßen bewegte.

144 Seiten, 305 Abbildungen
28 x 21 cm, fester Einband
Bestellnummer **136** EUR **19,90**

Die komplette Geschichte der berühmten Marke Victoria mit allen Typen.

128 Seiten, 264 Abbildungen
28 x 21 cm, fester Einband
Bestellnummer **262** EUR **19,90**

Die deutschen Motorradmarken der legendären fünfziger Jahre mit ihren Modellen.

152 Seiten, 290 Abbildungen
28 x 21 cm, fester Einband
Bestellnummer **377** EUR **19,90**

Eine Sammlung faszinierender Fotos von Volkswagen, größtenteils aus privaten Archiven.

128 Seiten, 320 Abbildungen
28 x 21 cm, fester Einband
Bestellnummer **452** EUR **19,90**